广西新型稻渔种养模式20例

广西壮族自治区水产技术推广站　编

Gvangjsih Minzcuz Cuzbanjse
广西民族出版社

图书在版编目（CIP）数据

广西新型稻渔种养模式20例 / 广西壮族自治区水产技术推广站编. — 南宁 ：广西民族出版社，2020.6
ISBN 978-7-5363-7366-2

Ⅰ. ①广… Ⅱ. ①广… Ⅲ. ①水稻栽培—广西 ②稻田养鱼—广西 Ⅳ. ①S511 ②S964.2

中国版本图书馆CIP数据核字（2020）第086882号

GUANGXI XINXING DAO-YU ZHONGYANG MOSHI 20 LI
广西新型稻渔种养模式20例
广西壮族自治区水产技术推广站 编

出 版 人：石朝雄
策划编辑：张惠琼
责任编辑：卢悦宁
装帧设计：陈 卓
责任校对：吴 艳
责任印制：黄绍红
出版发行：广西民族出版社
地址：广西南宁市青秀区桂春路3号 邮编：530028
电话：0771-5523216 传真：0771-5523225
电子邮箱：bws@gxmzbook.com

印 刷：广西区党委劳动服务公司凤凰印刷厂
规 格：890毫米×1240毫米 1/32
印 张：6.75
字 数：160千
版 次：2020年6月第1版
印 次：2020年6月第1次印刷
书 号：ISBN 978-7-5363-7366-2
定 价：26.80元

《广西新型稻渔种养模式20例》
编辑委员会

主　编：李坚明　钟志坚

副主编：唐　春　何金钊　荣仕屿

　　　　罗　璇　黄伟德

编　委：邓小红　荣登培　周冠宣

　　　　贾庆光　熊国明　李志坚

　　　　黄艳华　马振朝　陈朝辉

　　　　罗　旭　张　瞭　叶忠平

　　　　江新华

序

广西地处我国南疆，属亚热带季风气候区，地貌多样，雨量充沛，生物多样性明显，农业资源丰富，农作历史悠久。各族人民在长期的生产实践中探索出多样化的农作制度和模式，其中的传统稻渔系统已传承千年，是中国优秀的传统农业模式。在传统稻渔系统的基础上，新的稻渔生态种养模式正不断形成。

广西壮族自治区党委、广西壮族自治区人民政府长期以来高度重视“三农”科学健康发展及稻渔综合种养工作。鹿心社书记、陈武主席多次公开强调，要推动特色农业高质量发展，指导贫困地区大力发展包括稻渔生态种养在内的生态农业产业。广西农业农村厅采取了一系列措施，先后出台扶持支持政策，加大资金投入力度，强化科技支撑，引导各地创新种养模式，创建示范园区带动升级，打造品牌，提高效益，推动了广西稻渔综合种养产业高质量稳步发展。一大批稳粮增效、资源节约、环境友好、循环利用的新型稻渔种养模式不断涌现，其中的“三江模式”受到农业农村部副部长于康震盛赞。于副部长写下了“稻花披彩舞风笑，鱼体镶金戏水欢；产业扶贫结硕果，渔农文化谱新篇”等诗句，肯定“三江模式”是实现广西欠发达地区发展种养结合、农渔循环农业生产模式的有效途径，也是可资借鉴和推广的产业扶贫形式。

可以认为，当前及今后一段时期内，推进农业供给侧结构性改革是“三农”工作的主线；加快发展绿色农业，提高农业供给质量和效益，是“三农”工作者的重要任务。创新和推广形式多样的稻渔共生新型种养农作制度，是国家农业发展“藏粮于地、藏粮于技”战略的具体表现形式之一，是激发农民种地、实现脱贫致富的重要方式，是农业绿色发展和化肥农药减量增效的有效举措，对广西的产业扶贫、粮食生产安全、农渔业高质量发展和乡村振兴具有十分重要的意义。

《广西新型稻渔种养模式20例》是在《广西稻渔生态综合种养十大模式》的基础上总结、提炼而形成的企业成功案例。书中收集了广西20种理念先进、生态高效、可复制推广的代表性模式，每种模式通过种养模式、产品品牌、产量效益和关键技术四个部分进行介绍，内容丰富，语言简练，图文并茂。全书由20家企业提供素材，经过专家提炼编写而成，是对实践经验的理论性总结，可供广大基层农技人员和农业从业主体在开展稻渔生态种养时参阅应用。我相信，该书的出版必将对高水平推进广西稻渔种养起到重要作用。

广西是我的故乡。我一直关注广西近年来稻渔生态种养的发展，对桂北地区传统稻渔系统的保护与发展尤为重视。受聘担任广西稻渔生态种养产业技术创新战略联盟专家委员会主任委员，我感到非常荣幸。目前，我还担任中国稻田综合种养产业技术创新战略联盟专家委员会副主任、中国生态学学会农业生态专业委员会副主任和农业农村部中国重要农业文化遗产专家委员会成员等职务，积极推进包括广西在内的全国各地的稻渔共生等中国优秀传统农业模式的稳步健康发展，是我义不容辞的责任。正是基于以上诸多原因，我非常乐意为本书做序，希望能为广西稻渔生态种养产业的发展做出一点贡献。

期待广西稻渔生态种养产业更加稳健发展。

陈　欣

浙江大学生态学教授、博士研究生导师

浙江大学生态研究所副所长、生态学系主任

联合国粮农组织全球重要农业文化遗产保护项目中国专家

目 录

1 创新稻渔种养模式 助推产业精准脱贫
——广西“三江模式”做法及成就

7 一 三江侗族自治县宁涛种养殖专业合作社
“优质稻＋再生稻＋鲤鱼”模式

17 二 融水苗族自治县融荣水产品养殖专业合作社
“稻＋金边鲤”模式

27 三 桂林绿淼生态农业有限公司
“富硒稻＋禾花鱼”模式

37 四 钦州市钦南区科农种植专业合作社
“咸水稻＋鱼虾”模式

45 五 广西丰冗农业开发有限公司
“稻＋灯＋鱼”模式

55 六 隆安县柏林生态农业有限公司
“一季稻＋两季虾”模式

69 七 宁明县春来好农机专业合作社
“稻＋蛙”模式

79 八 桂平市维军生态农业科技投资有限公司
“稻＋黄沙鳖”模式

87 九 龙州县又一村生态种养专业合作社
“稻＋田螺”模式

95 十 融水苗族自治县大鲶坝水产养殖专业合作社
“稻＋石螺”模式

101 十一 广西五关生态农业有限公司
“稻虾共生”模式

111 十二 广西庄润农业发展有限公司
“稻＋虾”模式

127 十三 靖西市南坡乡底定村桑宏种桑养蚕专业合作社
“稻＋黑鲤”模式

135 十四 桂林市桂莲农业投资有限责任公司
“藕 + 禾花鱼”模式

145 十五 广西桂螺农业科技有限公司
“稻 + 螺、鳅、虾”模式

155 十六 钟山县有机农夫农产品销售有限公司
“巨型稻 + 蛙”模式

163 十七 河池市宜州区祥韵生态种养合作社
“稻 + 小龙虾”模式

171 十八 上林县珠玥农业有限责任公司
“山川流水稻虾生态”模式

183 十九 柳州市谷之韵农业发展有限公司
“水稻 + 田螺”模式

191 二十 灌阳县稻渔丰生态农业发展有限责任公司
“优质水稻 + 禾花鲤”模式

创新稻渔种养模式
助推产业精准脱贫

——广西『三江模式』做法及成就

广西“三江模式”是在总结传统的“一季稻＋鱼”（一年仅种一季稻谷和收获一次稻田鱼）模式基础上创新发展起来的“优质稻＋再生稻＋鱼＋瓜果”模式。三江侗族自治县结合实际，以脱贫攻坚为主导，以资源优势为依托，总结创新推广“三江模式”，对促进农民增收、脱贫致富发挥了重要作用，为全面打赢脱贫攻坚战、同步建成小康社会奠定了坚实的基础，得到了农业农村部领导和自治区领导的充分肯定。

一、主要做法

一是强化政策扶持。2014 年以来，三江侗族自治县县委、三江侗族自治县人民政府相继出台《三江侗族自治县高山渔稻生态种养核心示范区建设规划》《三江侗族自治县高山渔稻生态种养核心示范区项目实施方案》等一系列扶持政策，全力助推种稻养鱼“3721 工程”（即利用 3 年时间，在全县推广标准化种稻养鱼 7 万亩，打造三江“高山稻鱼”和“高山鱼稻”两个绿色生态品牌，使项目农户年人均增收 1000 元）。同时，投入稻渔综合种养专项补助资金累计 5000 多万元，对田基硬化改造、鱼坑建设、鱼苗放养和再生稻种植都给予一定补助，有效提高群众的积极性，增强了稻渔综合种养产业的发展后劲，促进农民增收。

二是推动模式创新。三江侗族自治县积极完善基础设施，在田间开挖坑沟，通过加高加固田基，有效地防止田基崩塌，起到保水保肥、抗旱减灾的作用，形成了“坑沟式”的稻渔综合种养模式。同时，依托中国水产科学研究院珠江水产研究所、广西稻田综合种养示范县院士工作站等单位的先进技术，实行多品种立体开发模式，水稻方面主推再生性强、品质好的野香优3号和中浙优1号，养殖方面以放养本地鲤鱼为主，部分稻田试验性地混养罗非鱼、鳖、泥鳅、田螺等，形成“田中有稻、水里有鱼、水底有螺、泥中有鳅、坑上有瓜果”的立体开发模式，创立了“优质稻+再生稻+鱼+瓜果”的“三江模式”。三江侗族自治县程村乡大树村打造稻渔综合种养示范基地500亩（1亩约等于0.067公顷），其中核心示范区350亩，实行“优质稻+再生稻+瓜菜+三江鲤鱼/罗非鱼/长丰鲫）”“优质稻+再生稻+瓜果+鳖”两种种养模式。该基地平均每亩产量为优质稻545千克、再生稻300千克、稻田鲤鱼55千克，平均每亩利润4000多元，有力促进了当地村民增收脱贫。广西稻田综合种养示范县院士工作基地、国家稻田养鱼标准化示范区先后落户该村。

三是打造稻渔品牌。为树立和强化三江稻渔品牌，通过生态共生的种养模式，采取统一播种、统一移栽、统一配方施肥、统一病虫害综合防治，少用或不用化肥、农药和除草剂的方法，确保产品无农药残留，有力确保水稻和水产品的食用安全，提高品质质量，实现了“稻因鱼而优，鱼因稻而贵”的互利共生效应。经广西壮族自治区分析测试研究中心检测，每千克三江稻田鲤鱼硒元素含量0.21～0.63毫克，符合富硒农产品要求。三江高山稻鱼和高山鱼稻两个绿色生态品牌因绿色健康、味道鲜美而广受大众欢迎，销售量不断提升，知名度持续扩大，有力促进了农民增收脱贫。

四是促进三产融合。积极推进农旅深度融合，把生态资源与旅游资源优势充分结合起来，把稻渔综合种养产业与特色民族风情旅游产业有机联动起来，以稻渔节、侗族多耶节等民族节庆及劳动节、国庆节等众多节日为契机，大力发展以“赏田鱼、抓田鱼、烤田鱼、品田鱼”为主题的乡村休闲旅游，让游客体验侗乡稻渔综合种养农耕文化的乐趣，既丰富了旅游内涵，又增加了稻渔综合种养产业的附加值，促进了产业增值和农民增收，为稻渔综合种养产业的发展拓宽了空间。良口乡和里村以种植太空莲藕、养殖禾花鱼为基础，结合侗族民俗文化，打出一套“稻+鱼+藕+旅游”的文旅融合“组合拳”，取得良好效益，同时每年吸引近10万名游客前来观光，促进了当地的经济发展，也带动了农民增收脱贫。

五是推进产销对接。积极创新销售模式，提升产业市场竞争力和占有率。创新开展“结对一个贫困村，健康食材伴一生”的销售模式，由企业与县内贫困村结对共建，采用“以需促产、以城带乡”的订单式扶贫模式，将贫困村的稻鱼、鱼稻等生态健康食材销往帮扶单位。采取“合作社＋订单＋农户”的方式，组织成立村级种养专业合作社，由合作社统购统销，确保稻鱼、鱼稻产品销量，提升群众发展产业的积极性和自信心。加快发展农村电子商务，完善县、乡（镇）、村服务站点，拓展上行销售新渠道，将稻鱼、鱼稻加工产品销往县外，促进群众增收。紧抓贵广高铁、三柳高速、桂三高速相继通车和“柳州三江号”动车开行的有利契机，与珠三角地区开展经济交流活动，组织参加各级农博会、绿色食品展销会、经贸洽谈会等，推动稻鱼、鱼稻等生态健康食材走向发达地区市场。

二、取得成效

三江侗族自治县的传统稻田养鱼一直以自给自足为主，产量不高（亩产鱼 10 ～ 20 千克不等），难以满足市场需求，群众无法从中增收。为进一步把这一传统产业做大、做强、做优，促进农业增效和农民增收，自 2014 年起，三江侗族自治县实施种稻养鱼“3721 工程”，对全县的传统稻田养鱼模式进行技术升级创新，取得了显著成效。目前，全县稻渔综合种养面积 7.5 万亩，累计完成田基硬化改造 3.8 万亩，建成稻田鱼坑 1.8 万个。

“三江模式”稻渔综合种养产业全面推广后，产生了良好效益。一是经济效益方面，全县平均亩产鱼由过去的 20 千克提高到了现在的 40 千克以上；稻谷增产

5% ～ 10%；再生稻平均亩产 250 千克左右，增产 50% 左右；每亩增收 3000 元，促进了“绿水青山”转变为“金山银山”。二是生态效益方面，稻渔生态综合种养产业采用全新的生态种养技术，做到了不用化肥、农药也能生产出优质、安全、高产的水稻和稻鱼；能够保水保肥、抑制杂草生长、减轻水稻病害，促进绿色可持续发展。三是社会效益方面，稻渔产业覆盖 70% 以上的贫困户，贫困人口每人每年稻渔增收 1000 元，进一步解决了三江侗族自治县人多地少增收难的问题，有力拓宽了边远山区群众的增收渠道；三江“高山稻鱼”和“高山鱼稻”两个绿色生态品牌广受青睐，2016 年获广西水产畜牧兽医局定义为稻田综合种养“三江模式”，2017 年三江稻田鲤鱼获国家农产品地理标志。

一

三江侗族自治县宁涛种养殖专业合作社

『优质稻＋再生稻＋鲤鱼』模式

一、种养模式

三江侗族自治县宁涛种养殖专业合作社有成员 21 户，主要从事稻渔综合种养和稻渔产品经营。

该合作社主要的种养模式是“优质稻 + 再生稻 + 鲤鱼”模式，采取标准的“坑沟式”养法。种植品种主要为“野香优 3 号”水稻，养殖品种为“三江稻田鲤鱼”（2017 年 1 月 10 日获得原农业部颁发的农产品地理标志登记证书）。2017 年 9 月，该合作社的生产模式作为典型在自治区级现场会加以推广。“禾花鲤稻田综合种养模式示范与推广”获 2018 年广西农牧渔业丰收奖、农业技术推广成果奖三等奖。

二、品种和品牌

1. **水稻品种：野香优 3 号。**

2. **水产品品种：三江稻田鲤鱼。**

3. **品牌介绍。**

三江稻田鲤鱼外观呈纺锤形，身体柔软光滑。背鳍基部较长较厚，背鳍和臀鳍均有一根粗壮且带锯齿的硬

农产品地理标志
登记证书

中华人民共和国农业部

经审定，登记申请人申报的农产品符合农产品地理标志登记条件和相关技术标准要求，准予登记并允许在农产品或农产品包装物上使用农产品地理标志公共标识，特颁此证。

核准登记产品全称：三江稻田鲤鱼
登记申请人全称：三江侗族自治县水产技术推广站
产品生产总规模：5400公顷，3500吨/年
质量控制规范编号：AGI2017-01-2045
登记证书编号：AGI02045

棘，鱼鳞比较嫩。体表呈青灰色，腹部呈浅白色，尾鳍下叶呈橙红色。肉质鲜嫩，骨刺细软，鱼汤清甜，无泥腥味。每千克鱼肉含蛋白质 149 ～ 182 克，氨基酸总量 138 ～ 174 克，粗脂肪 19.2 ～ 33.3 克，铁 12.7 ～ 20.1 克，钙 509.8 ～ 570.2 克，锌 6.65 ～ 7.98 毫克，硒 0.21 ～ 0.63 毫克，符合富硒农产品的要求。其中的“晒江鲤”含硒量较高，适合稻田放养。三江稻田鲤鱼是发源于田间的自

三江县一带二帮三·先锋促脱贫
三江县稻渔综合种养示范基地
稻渔
种养
范基

然产物，经三江人民慢慢保种传承，其苗种比较适宜在稻田培育，善于钻土觅食，不因稻田涨水而逃跑。

三、产量效益

根据三江侗族自治县水产畜牧兽医局对合作社标准化“坑沟式”“优质稻＋再生稻＋鲤鱼”模式的测产，其每亩效益为3000元。

四、关键技术

1. 田间工程。

（1）稻田基本条件：以土质肥沃，保水力强，pH值呈中性至微碱性的壤土、黏土为好；高度熟化，高肥力，灌水后能起浆，干燥后不板结的稻田最佳。

（2）田基改造：在田基内侧用砂石水泥浆硬化，顶部厚10厘米，底部厚12厘米；以田基硬底基脚为起点，至高出田土表面40厘米以上；田基面宽40厘米左右。

（3）鱼坑建设：田块面积为0.3亩以上的，每块田在进水处开挖一个面积占稻田总面积3%～5%的鱼坑。鱼坑深0.5～1米。将鱼坑内挖出的田土堆放夯实于田基和坑基上。鱼坑坑基与田基一样用砂石水泥浆硬化。坑基高出田土表面10～20厘米即可。鱼坑出水口与鱼沟相通相接。面积0.3亩以下的小块田可根据实际情况开挖一个5平方米左右的鱼坑，鱼坑上搭设遮阴篷。

（4）鱼沟建设：耙田后插秧前，根据田块大小、形状的不同，在田间开挖“田”字形、“十”字形或“目”字形等不同形状的鱼沟，鱼沟深度、宽度均以 30 ～ 50 厘米为宜。鱼沟和鱼坑面积控制在稻田总面积的 10% 以内。

（5）拦鱼设施：在进水口和出水口设置拦鱼设备，防止鱼外逃。拦鱼设施一般用竹篾、铁筛片或尼龙网片等材料制成。

2. **水产品养殖与管理**。

（1）苗种选择与放养。

池塘养殖鱼类中有不少是可以在稻田里养殖的。但稻田环境有别于池塘环境，其水位较浅，又必须以稻为主，稻鱼兼顾。因此，一般选择那些适应性强，对生长环境要求不高，对水稻生产无不利影响的食性杂的鲤鱼、鲫鱼、罗非鱼、泥鳅等作为稻田养殖的主养品种。

（2）放养量。

放养量要根据田中的水体大小（坑沟占多少面积、体积）、鱼类品种、饲料供应、产品规格等情况确定。“坑沟式”稻田养鱼模式中，当鱼坑和鱼沟面积占田块总面积 10% 时，一般每亩稻田投放鱼种 300 ～ 500 尾，以鲤鱼为主，搭配草鱼种 20 尾左右。

（3）放养时间。

鱼种放养得越早，养鱼的时间就越长，因此应尽量争取早放养，尤其是当年孵化的鱼种，待秧苗返青后就可放入。放养隔年鱼种则不宜过早，在插秧后20天左右放养为宜。放养过早鱼会吃秧，过迟则对鱼、稻的生长不利。晚稻田养鱼，只要耙田结束就可投放鱼种。

（4）鱼种消毒。

夏花鱼种放养时，一般用2％～3％的食盐水浸泡10～15分钟消毒，再把鱼种缓缓倒入鱼坑中。

3．稻田灌水及晒田。

稻田可以按常规排灌，需要晒田时，排放田水将鱼集中到鱼沟、鱼坑内，保持沟内水深30厘米，坑内水深60～80厘米。

4．稻田追肥。

追肥时应避免高温天气，并尽可能地使鱼集中到鱼沟、鱼坑中。水稻需要用药时，必须使用对鱼危害小的低毒农药。施药前加深田水，或将鱼集中于鱼沟和鱼坑中。水剂药物应在晴天稻叶无露水时喷洒，粉剂药物应在早晨稻叶露水未干时喷洒。

5．水稻种植与管理。

插秧前半个月放足基肥，插秧前5天左右清理稻田四周的杂草，检查稻田的保水情况。

（1）施肥与投喂。

稻田养鱼在不投饵以及鱼类仅摄食田中天然饵料的情况下，亩产鱼仅为10千克左右；若人工投喂，则亩产鱼可达50～100千克，甚至更多。施农家肥、投喂农副产品（玉米粉、谷粉、豆腐渣、酒糟、麦麸、米糠等）与诱虫灯诱虫相结合，是较为理想的生态健康喂养方法。每亩田施用腐熟过的农家肥（人畜粪和沼气渣水等）500千克做基肥。农副产品等精料日投喂量为鱼体总重量的1% ～ 3%。根据水质、气候和鱼的生长状况，灵活掌握追肥量和投饲量。

（2）处理好施用化肥与养鱼的关系。

在稻田中施化肥是促进水稻增产的重要措施，而稻谷需要的氮、磷、钾等肥料同时也是培养鱼的饵料生物——浮游生物和底栖生物所需要的营养盐类。所以，稻田的肥料多多少少会直接影响鱼类的饵料丰歉，二者利害一致，没有矛盾。但在施用化肥时要注意肥料的种类和数量，否则可能会因施用不当造成鱼类中毒死亡。用化肥做底肥时，一般可在整田前选用每亩 10 千克碳酸氢铵和 10 千克过磷酸钙混合施入田中，然后翻平耙田插秧，7 天后放鱼，对鱼无害。施追肥时，每次每亩安全用量为尿素或碳酸氢铵5 ～ 7.5 千克，硫酸铵 10 ～ 15 千克，过磷酸钙 5 ～ 10 千克，氨水 25 千克。氯化铵对鱼类生长不利，尽量不施。

施用化肥的方法要适当，先排浅田水，使鱼集中到鱼沟或鱼坑中，然后再施肥，让化肥沉于田底，使其被田泥和稻禾吸收，此后再加水至正常深度，这样对养鱼无影响。改用化肥做基肥，用有机肥做追肥，量少次多，分片施撒。有的地方将化肥混合泥土做成颗粒状肥料，采取根部插施的方法，这样可起到肥效高、用量少、对鱼安全无害的作用。

（3）处理好施用农药与养鱼的关系。

养鱼稻田应该选用高效低毒的农药。对鱼类安全的有防治稻飞虱、稻纵卷叶螟、蓟马、黏虫等的农药。可用乙酰甲胺磷，每亩用药量 50 ～ 100 克。

二

融水苗族自治县

融荣水产品养殖专业合作社

『稻+金边鲤』模式

一、种养模式

融荣水产品养殖专业合作社养殖的稻田禾花鲤又名“融水金边鲤”。该合作社采取的稻渔种养相结合的新型高效农作模式辐射到河池、桂林等地和湖南、贵州等省的多个市县，而且范围逐年扩大。融水金边鲤亲本由苗族人民在清泉中用古老的方法培育，然后把鱼苗分养到稻田里世代流传而来。金边鲤养殖采用山区稻田小区式（以5～10亩为一个小区）综合种养模式，设有鱼坑、鱼沟、生态瓜

果棚和诱虫灯等。融水金边鲤主要以天然水虫、害虫或稻花为食，也吃米糠和剩饭剩菜。融水金边鲤的粪便可以肥田，滋养水稻。这种鱼取食稻田中的害虫，降低了水稻生产成本，水稻又为其提供适宜的生长环境，促进其生长，很好地实现了稳粮增收。

二、品种和品牌

1. **水稻品种：香粳糯。**

2. **水产品品种：金边鲤。**

3. **品牌介绍。**

融水苗族自治县常年水量充沛，气候温和，民俗丰富多彩，有“百节之乡”之美誉。“百节”中必不可少的一项活动是烤金边鲤。以金边鲤为主角展开的活动多达十余种，其中以“金秋烧鱼节”和“良双闹鱼节”最出名。在融水，有一种不成文的说法：收割稻谷之时，稻田里没有鱼接待远客是不地道的。相传，金边鲤在清朝曾是宫廷贡品，闻名遐迩，享誉国内外。

大苗山金边禾花鲤（以下简称"金边鲤"）属鲤科温水性小型鱼类，产于广西融水，是中国土著鱼类。具有地方特色，以水稻落花、水中微生物为食。因脊背处有金黄色的条纹而得名，区别于广西桂林通体乌黑的禾花鲤。金边鲤体形粗短，个体小，鱼鳞细，皮薄，全身偏黄色，一般重 50 ～ 250 克。

金边鲤具有逆流而上的特点，不会顺流跑出田块，适合山区小块稻田养殖，成为山区农户首选品种。

2016 年注册商标的"大苗山金边鲤"已获国家地理标志登记证书。

三、产量效益

据统计，立体生态种养模式下，每亩稻田金边鲤产量可达 100 千克，平均价格为 30 元 / 千克，产值 3000 元，成本 1000 元，效益 2000 元；每亩水稻产量为 200 千克，经加工后稻米销售价格为 10 元 / 千克，每亩产值 2000 元，成本 700 元，效益 1300 元。每亩合计产值 5000 元，成本 1700 元，实际效益为 3300 元。

四、关键技术

1. 稻田设施建设。

（1）稻田选择。选择土质黏性大、保水力强、排灌方便、耕作层深的田块，如潜育性田、冷浸田、低洼田，不宜选用耕作层浅的沙土田、漏水田和易涝田。稻田面积0.5～10亩均可，以2.5亩最易于管理。稻田水源充足，排灌方便，水质指标应符合《渔业水质标准（GB 11607-89）》的规定。

田埂硬化采用水泥沙浆灌筑加高的方法，根据田埂位置的不同，加高30～40厘米，平均35厘米；厚10～20厘米，上薄下厚。

（2）开挖鱼坑。在靠近进水口的田角处或稻田中间，开挖面积占田块5%、深1米左右的鱼坑。鱼坑内壁四周用砖石砌筑，用水泥或混合砂浆抹面。鱼坑靠稻田一面的坑埂留1～3个宽30～50厘米的堤口与田内鱼沟相通，鱼坑与鱼沟之间设置活动拦鱼栅。

（3）开挖鱼沟。在田间开挖宽40厘米、深40厘米左右的鱼沟，面积约占稻田面积的10%，布局可呈“一”“十”“井”“田”字形。鱼沟与鱼坑相通，并向排水口倾斜，便于排水捕鱼。开沟宜在早稻插秧前7天完成，早稻收割后、晚稻插秧前应对鱼沟进行加深、加宽清整。

（4）建设防逃设施。每个进排水口均设双层拦鱼栅防逃。拦鱼栅用竹篾编成，竹帘间隔0.2～0.3厘米；也可以做成木框架，在框架上钉上网目为0.2～0.3厘米的铁丝网片或化纤网片。拦鱼栅宽度比进排水口宽20厘米，高出田埂约10厘米，迎水流方向以拱面安插。

2. 水稻栽培管理。

（1）水稻品种选择。

选择高秆、抗倒伏、抗病虫害、耐肥的高产优质杂交稻品种。采用宽窄行种植法增加种植密度，每亩插秧 1.2 万株左右，行株距为 25 厘米 ×30 厘米。肥料种类以经过发酵的农家肥为主，化肥为辅。肥料施放重基肥、少追肥，施肥品种和施肥量参考表 1。

表 1　施肥品种和施肥量

单位：千克／亩

水稻品种	施肥品种	农家肥	过磷酸钙	氯化钾	尿素	磷肥
早稻	基肥	400 ~ 500	20	5	–	–
	追肥	–	–	2.5 ~ 5	7.5	–
晚稻	基肥	–	–	10 ~ 15	7.5	15
	追肥	–	–	5	5 ~ 7.5	–

基肥一次施足。追肥在插秧后 7 ～ 10 天进行。施追肥时先将水降至田面以下，让鱼自然集中于鱼坑或鱼沟内再施放。肥料应施在田面上，避免化肥直接撒落鱼沟或鱼坑。

（2）病虫害防治。

农药应符合《农药合理使用准则（GB/T8321.6-2000）》要求，选用高效、低毒、低残留的安全农药。采取深灌喷药，喷嘴往上成 45 度角漂喷，使药液尽量喷洒在禾叶上，避免农药洒落水中。水剂型农药的使用宜在中午无露水时进行，粉剂型农药则宜在上午露水未干时施用。稻田养殖用药安全剂量见表2。

表2 稻田养殖用药安全剂量

	乐果	敌敌畏	敌百虫	稻瘟净	杀虫脒	杀虫霜	马拉硫磷	甲胺磷
用量≤千克/亩	1.45	0.3548	1.375	0.1678	1.526	0.693	0.189	3.026
安全浓度ppm	53	12.9	50	6.1	55.5	25.2	6.9	110

注：ppm即百万分率，常用于表示农药喷洒液的浓度。

3. **田间管理**。

整个水稻生长时期均要求鱼坑、鱼沟保持一定的水位，田面湿润。幼穗分化后灌水淹没田面5～10厘米，至收割前10天排出田水，露出田面，以利于收割。对于排水不良的稻田，平时要注意更换新水，以防水稻烂根。

（1）巡田。

每天早晚巡田，观察鱼类活动和摄食的情况，经常检查拦鱼设备，发现问题及时处理。雨季注意防洪防逃。

（2）饲料与投喂。

在养殖过程中，适当投喂米糠、麦麸、花生麸和配合饲料。鱼种放养7天后开始投喂，每天投喂量视水温、水质、天气和鱼的摄食强弱而定，一般以投喂后1小时左右吃完为宜。每天分两次（上午9时和下午5时）定点投喂到鱼坑、鱼沟中。

（3）换水。

夏天水温较高，应防止鱼坑、鱼沟的水位过浅，并注意更换新水，保持微流水，保持水质清新，避免发生泛池。

（4）做好养殖记录。

做好日常养殖记录，定期检查生长情况，为调整投喂量及捕捞提供依据。

三

桂林绿森生态农业有限公司

『富硒稻+禾花鱼』模式

一、种养模式

广西桂林绿淼生态农业有限公司（以下简称“绿淼公司”）成立于2016年，核心示范区面积1630亩，是广西水产畜牧业龙头企业促进会会员单位、广西稻田生态种养产业技术创新战略联盟副理事长单位、广西水产科学研究院示范基地、上海海洋大学水产实验基地、中科院桂建芳院士工作站、广西禾花鱼原种保护基地、广西创新驱动发展专项资金项目实施单位。绿淼公司参与了水产微生物制剂、禾花鱼分子育种等多项自治区级重大专项课题的研究，于2017年通过桂林市特色农业核心示范区验收，同时获得全国首届稻渔综合种养创新模式大赛金奖；2018年获得“国家级稻渔综合种养示范区”称号。

该公司主要种植富硒稻和养殖禾花鱼，创新“稻渔生态共作”立体高效种养模式，即田块90%的面积种植富硒稻，开挖占田块面积10%的深沟养鱼。围绕“一田多用、一水多效、

桂林天湖绿森旅游驿站

一季多收、一业多益”的目标，利用全州县山地土壤富硒的特点，推广“富硒稻 + 禾花鱼”综合种养新技术。根据生态循环农业和生态经济学的原理，将水稻种植与禾花鱼养殖技术、农机与农艺有机结合，通过对稻田实施工程化改造，构建稻渔共生互促系统，保证水稻稳产的前提下，大幅度提高稻田经济效益和农民收入，是一种具有稳稻、促渔、增效、提质等多方面功能的现代生态循环农业发展模式。

二、品种和品牌

1. **水稻品种：劲道 1 号富硒稻。**

2. **水产品品种：全州乌鲤禾花鱼。**

3. **品牌介绍**。

绿淼公司将所有产品的品质放在首位，专业生产有机生态富硒农产品，“三品一标”（即无公害农产品、绿色食品、有机农产品和农产品地理标志）认证率达到100%。公司于2000年以全州禾花鱼注册的“禾花”品牌，2010年获得了国家地理标志。2017年，该公司自主注册“桂全”牌稻鱼、大米商标。

三、产量效益

通过改造稻渔共生的农田基础设施，稻田每亩可产富硒稻谷 500 千克，加工后的稻米平均价格为 6 元 / 千克，每亩产值 3000 元；亩产禾花鱼 100 千克，平均价格为 50 元 / 千克，每亩产值 5000 元。亩利润在 5000 元以上，核心区年产值 1304 万元以上。

四、关键技术

1. **田间工程**。

（1）稻田设施建设及开挖鱼沟。将农户的水田流转到公司，由公司统一规划设计，将高低不等的水田拼成大块。修建机耕路，硬化田埂和进排水渠道，便于全程机械化耕作。坚持以水稻发挥主角作用，田间工程不得破坏稻田耕作层的原则，保证水田本身的优质土壤和腐殖质丰富的淤泥层。田块整理后，将稻田不超过 10% 的面积挖作水沟，用于养殖禾花鱼；在水沟的田埂上种植瓜果，既增加了附加值，又便于给鱼遮阴；90% 以上的面积用于种植水稻，保证水稻种植穴数不减。

（2）完善进排水系统。进水池铺设陶粒层及鱼类净化池，起到净化水的作用；出水池通过污水处理池，达到合标排放及重新利用的目的。

2. **禾花鱼养殖与管理**。

（1）投放鱼苗。在水稻长出第三张稻叶时投放鱼苗，

每亩稻田投放1000尾长度为3～4厘米的放养鱼苗，每年10月进行捕捞。

（2）饲料投喂。在养殖过程中，前期投喂配合饲料，后期适当投喂米糠、麦麸、花生麸。每天投喂量视水温、水质、天气和鱼的摄食强弱而定。

（3）水位管理。保持稻田水位深10～20厘米，鱼沟水深50厘米以上，并保持水的微流动。

3. **水稻种植及管理**。

（1）选种。水稻选用高产优质抗倒的粳稻品种，采用机插栽培。播种期为5月1日，移栽期为5月25日左右，用种量为1千克/亩，种植株行距为25厘米×30厘米。

（2）稻田的施肥。播种前期按每亩25千克对水稻施以基肥。水稻长到分蘖期时，将鱼集中到鱼沟、鱼坑中，按每亩1千克的标准对水稻进行追肥。所述基肥和追肥以发酵的牛粪、猪粪等有机肥为主，化肥为辅，其中有机肥的重量为施肥总量的70%～80%。

（3）病虫防治。在水稻生长期间不喷洒农药，采用绿色防控技术。按每10亩1盏的标准安装太阳能灭虫灯。

四

钦州市钦南区科农种植专业合作社

『咸水稻+鱼虾』模式

一、种养模式

科农种植专业合作社位于钦州市钦南区尖山镇,示范园占地300亩,辐射种养面积3000亩。

该合作社的种养特色是“咸水稻＋鱼虾”综合立体种养模式，在钦州市沿海河口咸碱田推广，种养面积逐年扩大。在咸水稻田里养殖鱼虾，鱼虾的粪便可以肥田和滋养水稻，同时水稻又为鱼虾提供了适宜的生长环境，促进鱼虾生长，实现稻和鱼的双增收。

二、品种和品牌

1. 水稻品种：钦州海红米。

2. 水产品品种：咸水罗非鱼、南美白对虾。

3．**品牌介绍**。

钦州市钦南区科农种植专业合作社种植的咸水稻品种为钦州海红米。钦州海红米种植历史悠久，是生长在沿海河口咸淡水交汇地带的本地品种，耐咸淡水的浸淹和烈日暴晒，秆高，耐倒伏，生长周期达 6 个月，历 12 轮海水潮汐起落浸育，不施化肥，不喷农药，自然生长。钦州海红米是一种营养价值很高的粗粮，呈胭脂红色。这种颜色主要源于比普通大米高 7.2 倍的硒含量。锌与铁在钦州海红米中的含量也较为丰富，使其对肠胃不适具有较好的调理作用，十分健康。

咸水罗非鱼比淡水罗非鱼肉质更加结实细嫩，味道更加鲜美，无土腥味。南美白对虾壳薄体肥，肉质鲜美，含肉率高，营养丰富。它们是钦州沿海农民利用低产咸碱田种养实现脱贫致富的主要水产品。

三、产量效益

据估算，咸水稻渔立体生态种养模式下的咸水罗非鱼亩产量为 250 千克，以 13 元 / 千克计算，亩产值 3250 元，亩成本 1750 元，亩效益 1500 元；南美白对虾亩产量为 100 千克，以 48 元 / 千克计算，亩产值 4800 元，亩成本 1600 元，亩效益 3200 元；钦州海红米亩产量为 170 千克，经加工后稻米销售价格为 40 元 / 千克，亩产值 6800 元，亩成本 1500 元，亩效益 5300 元。合计亩产值 14850 元，亩成本 4850 元，每亩实际效益为 10000 元。

四、关键技术

1. **咸水稻田设施建设**。

（1）咸水稻田选择。位于沿海滩涂咸淡水交汇地带的稻田（俗称咸酸田），水源水质符合无公害养殖的要求，有完好水门实施纳潮排洪，水田排灌方便，保水力强，土质肥沃，以黏土和壤土为好，有腐殖质丰富的淤泥层，不滞水，不渗水，干后不板结。

（2）开挖鱼沟。沿稻田四周开挖环形鱼沟，每隔 40 米左右开挖一条直沟。养殖沟呈"日"或"田"字形，上宽 2 ～ 3 米，下宽 1.5 米，深 1.8 米，面积占稻田总面积

的15%。挖沟的泥土用于加固田埂。

（3）完善进排水系统。进水池铺设陶粒层及鱼类净化池，起到净化水的作用；出水池通过污水处理池，起到合标排放和重新利用的作用。

2. **鱼虾放养及管理**。

（1）罗非鱼品种采用生长较快的吉富罗非鱼或红罗非鱼，放养鱼苗以咸水驯化苗为宜，放养时间为7月初，规格为3～5厘米，每亩放养800尾。南美白对虾的放养苗种需经淡水驯化，放养时间为6月下旬，规格为1厘米，放养数量为每亩10000尾。

（2）喂养。主要投喂商品膨化饲料，投饵量为鱼虾体重的15%～19%。一般在上午和傍晚进行，分两次投喂。

阴天和气压低的雨天应减少或不投饵料。7月及11月在养殖沟投喂，8～10月共生期在水田中投喂。

（3）水位管理。利用潮汐控制水位，前期水稻种植后返青期沟水低于田面或与之持平，鱼虾主要在养殖沟中活动。后期，水稻长高，水位随着潮汐涨落，要保持沟水高于田面。必要时，如稻田翻耕栽种时，将鱼虾进出稻田的通道关闭，田、沟水分开单独管理。

（4）稻、鱼、虾共生。

① 稻、鱼、虾共生期为7月至10月下旬。

② 田水深度。利用潮汐涨落，7月稻田水深度保持在10厘米左右，保证鱼、虾能进入水田；8～9月通过加深水位降低水体温度，田水深度应保持在30厘米以上；10月田水深度保持在50厘米以上。

③ 除草。咸水稻田不进行耘田、化学除草。

④ 施肥。咸水稻田不能施用化肥。

⑤ 防病治虫。咸水稻采用物理、生物方法防治虫害。不能使用化学药剂。

（5）巡田。对进水口、排水口及堤坝进行严格检查，及时封堵池埂小洞或裂缝，修复或更换破损的进排水口设备。暴雨前及时加固池埂，疏通进水口、排水口及渠道，避免发生溢水。

3. **水稻种植及管理。**

（1）选种。水稻选用钦州本地的海红米，每年5月下旬播种育秧，6月中下旬至7月初移栽插秧；直播栽培方式的用种量为2～2.5千克/亩，塑盘抛秧、人工插秧、机械插秧等栽培方式的用种量1～2千克/亩，种植株行距为35厘米×35厘米。

（2）肥水管理。整田时施足腐熟农家肥或淋足粪水，也可以用有机肥做底肥，秧田施有机肥50千克/亩，播种前浇足浇透底水。秧田期水分管理以湿润管理为主，避免缺水。遇持续阴雨天气时要排干田水，防止渍水；阳光较强，育秧床土发白或表土开裂时要适当灌溉农田。

（3）病虫防治。水稻生长期间不喷洒农药，可采用灯光诱杀控害、性诱剂诱杀控害、防虫网育秧控害、健身栽培控害等方式加强病虫害的防治。

五

广西丰兄农业开发有限公司『稻+灯+鱼』模式

一、种养模式

广西丰兄农业开发有限公司基地位于玉林市陆川县米场镇五柳村大头冲，面积 610 亩，其中水稻种植 230 亩，水产养殖 380 亩，总投资 730 多万元，以稻田综合种养为主。

该公司稻田生态综合种养采用鱼吃虫、吃草，鱼粪肥田，额外收获鱼的良性栽培模式。随着免耕栽培技术的推广，诱虫灯越来越广泛地用于稻田治虫，“稻 + 灯 + 鱼”更是一种完整的生态综合种养模式。这种“稻鱼共生、互利共赢”的生产方式，有着投资少、见效快、无公害、效益好的发展前景，其优势在于产品质量提升，社会生态效益明显。这是因为该模式减少了化肥和农药的用量，着力打造“生态稻渔”名片；在种稻养鱼的过程中，鱼提供有机料，起到增肥作用。这种种养模式实现了“一水两用、一田双收、稳粮增收、一举多赢”的效果，有效提高了农田利用率和产出效益，拓展了发展空间，促进了传统农业的改造升级，有效提高了稻田综合效益。

二、品种和品牌

1. 水稻品种：中浙优 1 号。

2. 水产品品种：泥鳅、中华圆田螺和禾花鱼。

3. 品牌介绍。

（1）中浙优 1 号是由中国水稻研究所和浙江省杂交水稻种业有限公司选育的优质杂交新组合。浙江省苍南县于 2002 年引进试种中浙优 1 号，两年不同生态类型区和不同熟制情况下的试种表明，该组合具有适应性广、分蘖力强、长势旺、品质优、株型挺拔、剑叶挺直、穗大粒多、结实率高、青秆黄熟等特点。其于2003年被列为浙江省单季杂交稻区重点示范组合，并于2004年通过浙江省农作物品种审定委员会审定。

（2）泥鳅属鳅科。形体小而细，只有三四寸（1寸约等于3.33厘米）长。泥鳅的皮下有圆形的小鳞片，颜色青黑，浑身沾满了自身的黏液，因而滑腻得无法握住。前段略呈圆筒形，后部侧扁，腹部圆，头小，口小且位于头部下方，呈马蹄形。眼小，无眼下刺。须5对。背部及两侧呈灰黑色，有许多小的黑斑点，头部和各鳍上亦有许多黑色斑点，背鳍和尾鳍膜上的斑点排列成行，尾柄基部有一明显的黑斑，其他各鳍为灰白色。泥鳅被称为“水中之参”，生活在湖池，营养价值很高。它和其他鱼的外表和生活习性都不同，是一种特殊的鳅类。

（3）中华圆田螺的壳高约44.4毫米，宽约27.5毫米。整体呈宽圆锥形，有6～7个螺层，每个螺层均向外膨胀。螺旋部的高度大于壳口高度，体螺层明显膨大。壳顶尖。缝合线较深。壳面无滑无肋，呈黄褐色。壳口近卵圆形，边缘完整，薄，具有黑色框边。唇为角质的薄片，小于壳口，具有同心圆的生长纹，厣核位于内唇中央。

中华圆田螺生活于湖泊、河流、水库、池塘及稻田内，尤其喜欢栖息在水草茂盛的水域。适应性强，对干燥及寒冷有较大的抗御力。足发达，适于水底爬行，常以水生植物和低等藻类为食。春夏季为其繁殖季节，卵胎生，幼螺在雌体子宫内发育，长成仔螺后才排出体外，在水中自由生活。

田螺的肉可食用，还可作为家畜、家禽及鱼类的食料。

（4）禾花鱼是一种浑身乌黑透亮的鲤鱼品种，即乌鲤。主要在我国南方山区的稻田中养殖，因采食落水禾花，鱼肉具有禾花香味而得名。禾花鱼食性杂，生长快，繁殖能力强，刺少肉多，肉质细嫩，骨软，无腥味，蛋白质含量高，一般重50～250克。

三、产量效益

据估算，稻鳅立体生态种养模式水产品每亩产量约200千克，平均价格为20元/千克，亩产值4000元，亩成本2000元，亩效益2000元；水稻亩产量为600千克，经加工后稻米销售价格为8元/千克，亩产值4800元，亩成本1500元，亩效益3300元；每亩实际效益为5300元。

四、关键技术

1. **稻田技术流程**。

稻田改造。沿稻田四面田埂，在距田埂内缘约1米处开挖一条不完全封闭的“回”字形水沟（留有一个2～5米的口子，便于稻田种养管理），沟宽1～1.5米，深0.6～1米（以挖到埂上为宜），沟间以“十”字形小沟相连。加固、加高、加宽田埂。田埂加固时，每加一层泥土都要夯实，以防田埂坍塌。田埂应高于田面0.4～0.5米，顶部宽0.3～0.4米。进水口和排水口分别位于稻田两端，进水渠道建在稻田一端的田埂上，进水口分用20目的长型网袋过滤进水，防止敌害生物随水流进入。排水口建在另一端“回”字形水沟的低处。按照高灌低排的原则，保证水灌得进、排得出。每个进水口和排水口均设双层拦鱼栅防逃。网目大小因鱼的规格而异，拦鱼栅宽度比进排水口宽0.2米，高出田埂约0.1米，迎水流方向以供面安插。

2. **水稻种植和管理**。

（1）水稻种植。每年6月中上旬完成水稻种植，水稻按行距25厘米、株距20厘米插（抛）秧，每隔8～10行放空1行，田两侧插4～5行边行，发挥水稻生长的边行优势，保持每亩稻田插（抛）秧13000～15000穴。

（2）虫害防治。物理防治：每330米安装一盏杀虫灯诱杀成虫；生物防治：利用和保护好害虫天敌，使用性诱剂诱杀螟虫、稻飞虱、稻纵卷叶螟等害虫。

（3）病害防治。选择安全、高效、经济的农药。采取正反喷，使药液尽量喷洒在禾叶上，尽量避免农药落入水中。水剂型农药宜在中午无露水时使用，粉剂型农药尽量不用。喷药后加大换水量，减少农药对田螺的毒害。

3. **水产品养殖和管理。**

（1）田螺的饲养管理。

种苗的放养。插秧大约1周后，待禾苗返青，根系较为完整后投放田螺。一般选用品质较好的中华圆田螺，放养小螺（规格为每千克400～800只，密度为每亩3万～6万只），到秋末即可长成规格为40～100只/千克的商品田螺。放养大螺（按三公八母的比例，每只18～20克），密度为每亩1100只，到翌年秋末可产商品螺。

投喂饲料。主要投喂农户家中自有的米糠、花生麸和煮熟的红薯、芋头、南瓜等经发酵的饲料，每3天投喂一次。

田间管理。插（抛）秧当天水进行薄水（0.5～1.5厘米）湿润立苗，第2～7天进行浅水护苗，分蘖期浅水勤灌，适当晾晒促根促蘖，期后逐渐加深水位至最高。其间，晚上开诱虫灯，同时视水稻生长情况，缺肥的补施发酵秸秆饲料或秸秆堆。施用沤肥，不施化肥，不用或尽可能少用农药。

（2）禾花鱼苗和泥鳅的放养。

插秧大约1周后，待禾苗返青、根系较为完整后投放鱼苗，品种为本地禾花鱼、泥鳅，每亩放养禾花鱼苗500～1000尾（5～6厘米）或者泥鳅2000尾（3厘米左右）。

前期每天投喂配合饲料，鱼稍大后，以农户家中自有米糠、花生麸等农副产品为饲料，每天投喂一次。

为增强禾花鱼苗种及商品鱼的体质，防止鱼病发生，提高商品鱼的品质，在投喂配合饲料、米糠、花生麸等饲料时，提前10～30分钟将益生菌原液喷洒在饲料上，以增加饲料的适口性和提高饲料的氨基酸含量。根据鱼坑或鱼沟内水质的状况，不定期地施用益生菌、硝化细菌和生物培藻素等微生物或生物制品以改善水质环境，可达到防治病、提高鱼产量和品质的目的。

六

隆安县柏林生态农业有限公司

『一季稻+两季虾』模式

一、种养模式

隆安县柏林生态农业有限公司(以下简称“柏林公司”)位于隆安县那桐镇国营浪湾华侨农场浪湾大道29号。

该公司的“稻虾共作”是把水稻种植业和小龙虾养殖业有机结合的一种现代生态农业生产模式，这种新兴的稻作生产方式可以促进水稻种植和小龙虾养殖的融合发展。这种生产模式以现代生态理念为引领，在网格状的水田上种植优质稻，在环绕稻田的水渠里养殖小龙虾，一季稻、两季虾；对稻田只施有机肥料，对沟渠里饲养的小龙虾只用生物饵料，不使用含有抗生素的饲料。

二、品种和品牌

1. **水稻品种：野香优莉丝。**

2. **水产品品种：克氏原螯虾。**

3. **品牌介绍。**

柏林公司于2019年6月申请注册产品商标“隆腾谷悦”，主要用于该公司生产的有机水稻和成品小龙虾以及广告和餐饮的宣传。商标共申请了四个类型，分别是第30类米300119、第31类小龙虾310133、第35类广告宣传350039和第43类餐馆430102。

三、产量效益

柏林公司实行的稻虾共生种养模式实现了粮食单产增加，且新增了小龙虾产品。800 亩综合示范基地每年可生产绿色生态稻谷 500 千克 / 亩，按市场价 15 元 / 千克计算，年销售值可达 600 万元；生产优质生态小龙虾 200 千克 / 亩，按当季市场批发价 40 元 / 千克计算，年销售值超过 640 万元；基地年利润达 600 多万元。项目投产后两年即可收回投资成本，经济效益十分显著。

四、关键技术

1. **龙虾管理技术规程**。

（1）放苗前的虾塘处理。

① 彻底清池消毒。

放养前 10 ～ 15 天，清理环形沟和田间沟，除去浮土，修整垮塌的沟壁，每亩稻田环形沟用生石灰 20 ～ 50 千克，或选用其他药物，对环形虾沟和田间沟进行彻底消毒，灭杀野杂鱼类、敌害生物和致病菌。收割稻谷时最好将稻草部分留高一些，以利于长出新的稻叶，加水后可供虾食用和躲藏。

生石灰干法清塘：在虾苗虾种放养前 20 ～ 30 天，排干池水，保留淤泥 5 厘米左右，每亩用生石灰 75 千克，化水后趁热全池泼洒，用耙耙一下效果更好。经 3 ～ 5 天晒塘后，灌入新水（使用此法时应注意人的自我防护）。

生石灰带水清塘：水深1米时，每亩用生石灰100～150千克溶于水中后，全池均匀泼洒。生石灰带水清塘虽然工作量大，但效果好，可以把生石灰直接灌进池埂边的鼠洞、蛇洞里，有效地杀死病害。

漂白粉清塘：先对漂白粉的有效含量进行测定，在有效范围内（含有效氯30%以上），将漂白粉完全溶化后，以每亩25千克的用量清塘。

生石灰和茶籽饼（茶籽榨油后的剩余物）混合清塘：此法适合池塘进水后用，把生石灰和茶籽饼放进水中溶解后（最好混合过夜）全池泼洒，生石灰每亩用量30千克左右，茶饼每亩用量20千克左右。虾塘更适合用此法进行清塘。

② 培养水质。

适度的肥水可促进藻类和浮游生物的繁殖，一则可起到稳定水质的作用，二则浮游生物可作为虾苗的饵料，有利于促进虾苗的生长。但施肥时应注意方法和用量，如果直接向池水中泼洒有机肥料会容易败坏水质，并引起虾苗缺氧和死亡。正确的做法是将肥料埋入泥中，埋肥深度为15～20厘米，这样既可以避免鱼虾死亡，又可以避免对水体造成污染。肥料的用量应根据池塘底质肥力而定：若淤泥较厚，则少施或不施；若淤泥较少或为新开挖的池塘则应多施。施肥量应控制在每亩100～300千克之间，且以生物有机肥为佳，鸡粪、猪粪和牛粪次之。

③ 栽好水生植物。

在田沟里栽上伊乐藻（不耐高温，宜 10 月底至次年 6 月初栽种）和轮叶黑藻（不耐低温，通常伴随水稻种植，宜 6 月中旬至 10 月中旬栽种）等水藻，以 3 ～ 5 株为一簇，每簇水草间距为 1 ～ 2 米。在深水区可移栽水花生（全年皆可种植）或水葫芦（不耐低温，可与轮叶黑藻一起种植）等水生植物。栽下后，水温 20 摄氏度以上时可泼洒生物有机肥 100 千克 / 亩，以促进水生植物的生长。水生植物覆盖面积占环形全塘的 40% ～ 50%，以零星分布为佳，这样有利于虾沟内水流畅通。

（2）种虾放养与虾苗投放。

① 种虾放养。

养殖第一年的5月底至6月，往稻田的环形沟和田间沟中投放种虾，每亩投放20～30千克；已养殖过一年的稻田每亩投放5～10千克。注意虾种要直接放入外围大沟内饲养越冬，11月小龙虾爬出洞穴产卵生长，次年4～6月可不断捕大留小进行捕捞。

种虾来源有自留的和从洪湖、潜江以及武汉等地引进的。一定要选择规格整齐（一般在35克以上），无病无伤，附肢齐全，体色鲜艳的虾种，雌性占多数为好，最好是雌雄比为3：1。为提高克氏原螯虾的成活率，宜就近收购，多次多点投放。运输时用塑料等硬质箱子装虾，运输时间越短越好，宜选择阴雨天进行，避免强烈阳光直射。箱子底部用水草铺垫，保持潮湿。根据箱子的大小决定装虾量的多少，每箱最好不超过10千克，避免克氏原螯虾因挤压脱水或内脏受到损伤而死亡。最好自己亲自采购，把握每个操作环节，从而提高虾的成活率。

② 虾苗投放。

用石灰水消毒7～10天，水质正常后即可放苗。幼苗具体的放养时间应根据不同的养殖模式有所区别。一般5～6月投放人工繁殖的虾苗，每亩投放2～3厘米的虾苗1.5万尾；也可以3～4月投放4～5厘米的幼虾，每亩1万尾左右（若是技术不成熟或虾稻田环境较差，则每亩投5000尾即可）。

③ 投种方法。

克氏原螯虾的放养密度还要取决于池子的环境条件、饵料来源、虾种来源和规格、水源条件、饲养管理技术等。总之，要因地制宜、灵活机动地投放虾种。

虾种下池时最好用10%的食盐溶液浸泡5～10分钟，具体浸洗时间应视天气、气温及虾体忍受程度灵活掌握。浸洗后，先将亲本虾放在稻田中浸泡2分钟左右，提起各执2～3分钟，如此反复2次。再将亲本虾种均匀取点、分开轻放到浅水区或水草较多的地方，让其自行爬入水中。若虾苗经过长时间冰冻运输，则投苗前应先用喷壶向亲本虾或虾苗喷洒池水，待其苏醒后再进行投放工作。

（3）科学投喂。

克氏原螯虾食性杂，且比较贪食。饲料投喂方面应把握以下三点。

① 按照虾不同生长阶段对营养的需要，搞好饲料的组合和投喂。克氏原螯虾在稚虾、幼虾阶段，以轮虫、枝角类、桡足类以及水生昆虫幼体等为食；成虾阶段则兼食动物性饲料和植物性饲料。虾苗、虾种放养后，要适时追施肥料，培肥水质。3～5月是克氏原螯虾的快速生长阶段，可多喂麸皮、豆饼和青绿饲料，适当投喂动物性饲料。11～12月越冬前，主要投喂动物性饲料。

② 按照虾的生活习性和摄食特点投喂。克氏原螯虾多在夜里觅食，并具有争食、贪食的习性。要坚持每天上

午、下午各投喂一次，以下午为主，占全天投喂量的70%。定质、定量、定时投喂，喂足喂匀，保证每只虾都吃饱，避免相互争食。

③ 按天气、水质变化和虾摄食的情况合理投喂。克氏原螯虾生长的适宜水温为20～32摄氏度。3～5月，克氏原螯虾摄食量大，日投喂量可按在池虾体重的6%～10%安排，干饲料或配合饲料按2%～4%统筹，并根据天气、水质状况以及虾觅食的情况适当增减。连续阴雨天气或水质过浓时可以少投喂，天气晴好时适当多投喂；大批虾蜕壳时少投喂，蜕壳后多投喂；虾发病时少投喂，生长正常时多投喂。既要让虾吃饱吃好，又要减少浪费，提高饲料利用率。

（4）小龙虾的日常管理。

① 建立巡池检查制度。每天巡池，发现异常及时采取对策。

② 调控水质。保持虾池溶氧量在5毫克/升以上，pH值为7～8.5，透明度为40厘米左右。每15～20天换一次水，换水量占全部水量的1/3。每20天泼洒一次

生石灰水，每次每亩用生石灰 10 千克。保持水位稳定，不能忽高忽低。放养前期 10 ～ 15 天改底一次，后期则为 7 ～ 10 天改一次底。

③ 加强栖息蜕壳场所管理。虾池中始终保持有较多水生植物。大批虾蜕壳时严禁干扰，蜕壳后立即增喂优质适口饲料，防止虾相互残杀，促进生长。

④ 防逃防病。汛期加强检查，严防逃虾。做好病害防治和敌害清除工作。

（5）小龙虾捕捞。

① 捕捞时间。

亲本虾捕捞时间应在 11 ～ 12 月，苗种捕捞时间在 1 ～ 3 月。

② 捕捞方法。

“稻虾共作”模式中，成虾捕捞时间至为关键。为延长小龙虾生长时间，提高小龙虾规格，提升小龙虾产品质量，要求小龙虾达到最佳规格后起捕，成虾规格一般控制在每尾 30 克以上，主要使用地笼捕捞。起捕时的具体操作：刚开始捕捞时不需要排水，直接将地笼置于稻田及环沟内，隔 1 ～ 2 天将地笼移位 1 次。捕获量逐渐减少时，可将稻田中间的水排出，使小龙虾落入虾沟中，再集中于虾沟中放笼，直至捕不到小龙虾为止。起虾笼时，应将捕获的虾挑选分级，将苗种和亲本虾分开出售。

③苗种运输。

一般在日出之前进行苗种运输，避免阳光直射。装虾工具一般为经过消毒的专用塑料筐，运输时间在 6 小时以内。运输过程中应避免风吹，防止温度剧变、挤压、剧烈震动等。不得与有害物质混运，严防运输污染。

④亲本虾留存。

为满足稻田养虾的虾种需求，建议在 4 ～ 5 月成虾捕捞期间，前期捕大留小，后期捕小留大，目的是留足下一年可以繁殖的亲本虾。保证亲本虾存塘量为每亩 15 ～ 20 千克。

2. 稻田管理

（1）水稻品种选择。

稻田养虾一般只种一季中稻，水稻品种要选择叶片开张角度大、抗病虫害、抗倒伏且耐肥性强的紧穗型品种。

（2）稻田整理。

整理稻田时，若田间还存有大量小龙虾，为保证其不受影响，应采用稻田免耕抛秧技术和围埂的方法，即在靠近虾沟的田面四周围上高 30 厘米的土埂，以利于田面整理。

（3）施足基肥。

养虾1年以上的稻田中存有大量稻草和小龙虾，腐烂后的稻草和小龙虾粪便为秧苗提供了足量的有机肥源，一般不需要施肥。而对于第一年养虾的稻田，可以在插秧前10～15天，每亩施农家肥300千克，尿素10～15千克，过磷酸钙20～25千克，硫酸钾5千克，均匀撒在田面，并用机器翻旋耙匀。

（4）秧苗移植。

一般在4月中下旬第一季小龙虾捕捞结束后降低全塘水位，稻田保持3～5厘米水位，7～10天后开始移栽秧苗，采取条栽与边行密植相结合、浅水栽插的方法。稻田与环形沟之间预留60～70厘米宽，用于种植水草。充分发挥宽行稀植和边坡的技术优势，移植密度为30厘米×15厘米为宜,这样有利于使小龙虾的生活环境通风透气。

（5）合理施肥。

养虾稻田主要施加基肥和腐熟的农家肥。通常情况下，虾苗投放后不施追肥，否则会降低田中水体溶氧量。若种植期间发现脱肥现象，可少量追施尿素，每亩3千克即可。

（6）科学晒田。

晒田总体要求是轻晒或短期晒，即晒田时使田块中间不陷脚，田边表土不裂缝和发白。田晒好后，应及时恢复原水位，尽可能不要晒太久，以免环沟内小龙虾长时间密度过大而产生不利影响。

（7）科学用药。

稻田养虾可有效抑制杂草生长，降低病虫害发生率。在稻田养虾时，要尽量减少除草剂和农药的使用。如果遇到稻田病害或虾病严重确实需要用药的情况，应把握以下用药原则：

① 科学诊断，对症下药；

② 选择高效低毒低残留的农药；

③ 慎用美曲膦酯等药物，禁用溴氰菊酯等药物。可用对小龙虾刺激较小的氯虫苯甲酰胺类药物；

④ 喷洒农药时，一般应加深田水，以降低药物浓度，减少药害；或将水位下降到田沟以下再用药，8 小时以后恢复水位；

⑤ 粉剂药物应在早晨露水未干时喷施，水剂和乳剂药物则应在下午喷施。

喷药后，有时会出现虾爬坡、焦躁不安的状况，这时应立即采取急救措施。急救方案一为换水，速度较快；二为生石灰全面泼洒。

（8）水位控制。

稻田各月份水位控制深度见表 1。

表 1　稻田水位控制表

水深	1 月至 2 月	3 月	4 月中旬至 5 月下旬	5 月下旬至 6 月上旬	6 月中旬至 6 月下旬	7 月至 9 月	10 月	11 月至 12 月
板面水深（厘米）	50	30	0	30	60	20	60	50
环沟水深（厘米）	150	130	100	130	160	120	160	150

（9）水稻收割。

水稻收割前再次晒田，9 月环沟水位降低至田面以下 20 厘米左右，田块中间不陷脚，田边表土不露裂缝和发白，见到水稻浮根泛白即可。晒好田后，水稻收割留茬不少于 45 厘米。

七

宁明县春来好农机专业合作社『稻+蛙』模式

一、种养模式

宁明县春来好农机专业合作社位于宁明县明江镇凤璜村解放屯，企业技术依托单位是广西壮族自治区水产引育种中心（水产产业团队创新创业集成技术基地示范项目团队）。

“稻＋蛙”生态高效种养模式将种植业与水产养殖业进行了有机结合。在稻田里养殖蛙，可利用水稻遮阴、水层浅的特点，为蛙提供良好的栖息场所，还原其自然生活的环境，保持其原有体表的自然色彩、色泽和口味。在水稻的种植中，蛙又是水稻田中的捕虫能手，且蛙的排泄物还是水稻很好的肥料，这样养蛙的稻田完全可以不施化肥和不喷农药，避免了农田土壤板结。蛙的活动可以为稻田除草、除虫、疏土和增肥。以稻养蛙、以蛙护稻、以蛙促稻，可以使田间生态平衡和良性循环，生产出稻米和蛙这两种食品。

二、品种和品牌

1. **水稻品种：特优玉 3 号**。

特优玉 3 号属感温型三系杂交稻，早稻种植全生育期 126 天左右，植株高大，叶鞘绿色，颖壳淡黄，无芒，谷粒椭圆，田间表现稻瘟病抗性强。

2. **水产品品种：蛙**。

雌性的蛙比雄性的体形大。成年后的蛙体长可达 12 厘米以上，体重在 125 ～ 500 克之间。蛙的皮肤比较粗糙，头部及体侧有深色的不规则斑纹，背部呈黄绿色且略带棕色，有十几行纵向排列的肤棱，肤棱间散布着小疣粒。蛙的生长适温为 20 ～ 30 摄氏度，以活动的昆虫为主食，能在驯化后摄食人工配合饲料。

3. 品牌介绍。

宁明县春来好农机专业合作社于2014年11月注册成立，是崇左市首家也是唯一的水稻生产全程机械化典型示范基地。2018年，该合作社创新开展的“稻＋蛙”养殖模式被列为广西稻渔生态综合种养十大模式之一。

三、产量效益

据估算，“稻＋蛙”立体生态种养模式中，蛙的亩产量为250.6千克，平均价格为25元/千克，亩产值6265元，亩成本2255.4元，亩效益4009.6元；水稻的亩产量为970千克，销售价格为2.8元/千克，亩产值2716元，亩成本1816元，亩效益900元。合计亩产值8981元，亩成本4071.4元，每亩实际效益为4909.6元。

四、关键技术

1. 稻田设施建设。

（1）稻田的选择。实施稻田养蛙的田块应相对远离居民生活的地方，且相对规整，大小适宜，土壤保水性能强，生态环境好，要求水质良好、水源充足、方便排灌、不易受淹且无污染。

（2）开挖蛙沟。蛙沟的建设不仅能满足蛙类的两栖生活习性，也便于后期水稻收割前对蛙类的捕捉。设置蛙沟时，沿田埂内侧开挖一个宽0.6米、深0.8米的环形，

并用挖出的泥土加宽、加固、加高田埂。

（3）建暂养蛙池。每个单元稻田为1～3亩，蛙池面积15～20平方米，池深0.5～0.6米，顶棚用遮阳网、四周用网布封盖，防太阳晒，防天敌。这样有利于蛙适应新环境，同时便于观察蛙的生长情况，易于管理，投喂集中，可兼顾全部蛙取食。蛙的生长速度差异大，且有大吃小的特性，因此每隔7～10天应按大小移池分级养护；蛙苗较小，易于病害的防控，便于躲避敌害，

可以延长蛙的生长周期，增加蛙的个体重量。插秧前的一个月均可进购幼蛙。

（4）搭建饵料台。为了方便定点投喂饵料和方便收集残饵，需建造饵料台。可在蛙沟中放置木板作为饵料台，并在木板两端安装塑料泡沫条。饵料台的规格及数量可根据田块大小、田块形状及蛙种密度进行合理调整布置。

（5）建设防逃设施与完善进排水系统。蛙类善跳跃，且有白天躲藏于湿润的草丛和松散的泥土之中的习性，因此在利用尼龙纱网建造防逃隔离带的时候，须将尼龙纱网埋入田埂泥土中 20 厘米左右，并保证地上部分高度为 1 ～ 1.2 米，然后用竹竿、木棒或者钢管等每隔 2 米固定。此外，可用塑料薄膜等质地光滑的材料覆盖在地上部分的防逃尼龙纱网上缘 10 ～ 15 厘米处，防止个别蛙攀爬逃跑。进排水口则按照高进低出的原则分别设置在田块的高低两

处，并用隔离网阻止外来有害生物及其他杂质进入田间。

（6）驱鸟装置布置。幼蛙天敌较多，蛇、鸟、黄鳝和老鼠等都会对幼蛙造成不小的伤害，因此在建设蛙的防逃设施的同时应采取措施应对蛙的天敌。在即将实施稻蛙综合种养的区域应提前 1 个月左右通过布置天网、悬挂彩带、置放反光器等方式驱鸟。

（7）蛙沟消毒。在蛙种放养前 10 ～ 15 天，为杀灭有害生物和致病菌，预防疾病发生，蛙沟蛙池应以 50 千克 / 亩的标准用生石灰进行消毒。

（8）蛙种投放。在水稻定植后 10 ～ 15 天，秧苗返青成活后方可选择在天晴的时候开始投放蛙种。放养前须用2% ～ 3% 的食盐水或0.5ppm（百万分率，常用于表示农药喷洒液的浓度）的高锰酸钾溶液等低刺激性消毒剂进行泡浴消毒5 ～ 10 分钟。

2. **日常管理**。

（1）驯化摄食。

投放的蛙种一般都是经过蛙种繁殖场驯化过后，能够采食人工配合饲料的，但蛙种投放到田间后，必须保证蛙种具有一定的密度，并及时进行定时定点投饵驯化。投饵后观察蛙群的活动情况，若蛙不上料台，可适当在蛙的人工配合饲料中放置少量蚯蚓、蝇蛆和黄粉虫等活饵，使人工投放的配合饲料在活饵的运动下由静止状态变为运动状态，进而被蛙发现取食；待蛙群驯化可自行跳至料台上后开始逐渐减少活饵数，此时料台上的饲料在蛙群的运动下就能变为运动状态，从而完成对蛙群采食人工配合饲料的驯化。

（2）田间管理与疫病防治。

每天上午8时、下午6时，按照“定质、定量、定时、定位”的原则投喂蛙类专用饲料。一般来说，幼蛙阶段的投饲量为蛙体重的2% ～ 3%，成蛙阶段投饲量为蛙体重的1% ～ 2%，具体还应根据天气、水质和蛙的吃食情况进行适当调整。在蛙沟正上方，每20 ～ 50 米安装一盏诱蚊灯，诱蚊灯距离水面20 ～ 30 厘米，诱捕昆虫供蛙摄食，作为蛙的辅助饵料。

养殖期间应适时加注新水和换水，保持蛙沟的水深和稻田的水位，使水质保持清新。最适合蛙生长的温度为 22 ～ 28 摄氏度。因此，在高温炎热的夏季，白天可适当增加田间水位，为蛙群避暑降温，而夜间则需降低水位，便于蛙群夜间到田间捕食昆虫。蛙沟内每 15 ～ 20 天泼洒 1 次生石灰，每次用量为每立方米 20 克，以调节酸碱度，同时进行消毒。

疾病预防，应坚持“以防为主、防治结合”的原则。养殖期间适时加注新水，保证饲料新鲜无污染。做好蛙沟消毒工作。巡田时如发现残饲或病蛙、死蛙，要及时清除。

日常坚持早、中、晚巡田，检查蛙的活动、摄食情况和水稻的长势。检查田埂是否有漏洞，防逃网是否牢固，是否出现缝隙与破损，一旦发现应及时修补，严防青蛙外逃及蛇、鼠入内危害蛙群。雷雨天气做好防洪、防逃工作。

3. **水稻种植及管理**。

（1）选种。选用茎秆粗壮、叶挺、耐肥、分蘖力强、抗逆性强、口感佳的优质单季稻品种。播种用种量为 1 千克 / 亩，种植株行距为 30 厘米 ×12 厘米。

（2）施足基肥。结合土地耕翻，根据不同水稻品种对养分的需求，每亩施有机肥 500 千克左右，再每亩辅以水稻 BB 肥（掺混肥料）15 ～ 25 千克做基肥。在稻田放养蛙前，每亩追施碳酸氢铵 15 ～ 20 千克做分蘖肥。

（3）病虫防治。在水稻生长期间采用绿色防控措施综合防治水稻病虫害，如确需喷农药，也要选用对口、高效、低毒、低残留的生物农药，严禁使用蛙类高毒的农药种类。同时也可以放养蛙来捕食田间昆虫，安装黑光灯诱杀害虫。

八

桂平市维军生态农业科技投资有限公司『稻+黄沙鳖』模式

一、种养模式

桂平市维军生态农业科技投资有限公司位于桂平市南木镇中桥村。

该公司采用“一水多用，一地多收”模式，在田间种植生态稻谷，养殖桂平地标性优质黄沙鳖。黄沙鳖以稻田里的禾虫为食，排出的粪便可作为肥料供水稻吸收，形成生态链，达到科学种养的目的。该模式具有显著的生态环境效益，对保护耕地、节约能源起到了一定的作用。

二、品种和品牌

1. **水稻品种：优质籼米**。

2. **水产品品种：黄沙鳖**。

3. **品牌介绍**。

公司种植水稻 3500 亩，种植过程中不使用化学合成的农药、化肥、生长调节剂等，按照绿色有机的种植要求实施。2018 年，该公司获得“有机转换认证证书”和“2018 年度全国稻渔综合种养优质渔米评比绿色生态奖”。

公司还养殖了 300 亩黄沙鳖。黄沙鳖是桂平特产。桂平优质的土壤、良好的水质和宜人的气候可以孕育出色泽光鲜、裙边肥厚、肉质鲜美的黄沙鳖。桂平养殖黄沙鳖已有 20 多年历史，其产品在 2007、2008 年贵港市黄沙鳖评比大赛上连续两年荣膺“鳖王”“鳖后”之称。2010 年，“桂平黄沙鳖”获批实施农产品地理标志登记保护。

桂平市维军生态农业科技投资有限公司成立于2017年11月，注册资金1000万元，主要经营农业产业开发投资、涉农旅游项目开发建设等。该公司在南木镇中桥村以流转土地3500亩作为核心区，致力于打造万亩稻渔综合种养基地，向社会提供纯天然、无污染、无公害的农产品。

三、产量效益

据估算，“稻＋黄沙鳖”模式中，黄沙鳖的亩产量为80千克，均价240元/千克，亩产值19200元，亩成本6300元，亩效益12900元；水稻亩产量为800千克，加工后的稻米价格为50元/千克，亩产值40000元，亩成本4000元，亩效益36000元。合计亩产值59200元，亩成本10300元，每亩实际效益为48900元。

四、关键技术

1. **田间工程**。

（1）稻田选择。用于养黄沙鳖的稻田应有充足水源，水质符合无公害养殖的要求，排灌方便，稻田的保水力强，土质肥沃，以底质为红壤或黄壤泥沙质为好。

（2）开挖鳖沟。沿稻田四周开挖环形沟，每隔 15 米左右开挖一条直沟。养殖沟呈"回"字形或"井"字形，上宽 3 米，下宽 1.2 米，深 1.2 米，面积占稻田总面积的 8% ～ 10%。挖沟的泥土用于加固田埂。田与沟之间要布设一定数量的进出通道，以便黄沙鳖从不同方位进入稻田活动和觅食，需要搁田时黄沙鳖能游回沟内。

（3）建设防逃设施。黄沙鳖的逃逸能力较强，进排水口、田埂有漏洞或垮塌和大雨时水漫过田埂等都易造

成黄沙鳖的逃逸。因此，养殖黄沙鳖的田埂需要加高加固，田埂必须夯实，并在沟底、沟内侧和进排水口建两道拦网。

（4）完善排水系统。进水池铺设陶粒层及鱼类净化池，起到净化水的作用；出水池通过污水处理池达到合标排放及重新利用的目的。

2. **黄沙鳖的放养与管理**。

（1）鳖种选用桂平地标品种黄沙鳖，放养时间为每年 3 月，放养规格为 0.25 ～ 0.4 千克的大苗，放养数量为每亩 40 ～ 50 只。

（2）喂养。黄沙鳖以田螺、水生昆虫、小鱼等为食。

稻田养殖黄沙鳖想要高产，除了培肥水质，还应投入合理调配的饲料。按一定的比例每天分次投入，阴天和气压低的雨天应减少投入量，或不投饲料。共生期在稻田投喂，其他时间在沟里投喂。

（3）水位管理。水稻种植返青期沟水低于田面，黄沙鳖在养殖沟中活动。水稻分蘖期到水稻成熟期，沟水与田水相平，黄沙鳖与水稻共生。水稻黄熟后至再次种植前，沟水低于田面，黄沙鳖重回沟里活动。必要时，如稻田翻耕栽种时，将黄沙鳖进入稻田的通道关闭，田和沟的水分开单独管理。

（4）稻鳖共生。

① 稻鳖共生期为 400 天。

② 田水深度。共生期，稻田水深度保持在 15 厘米左右，保证黄沙鳖能通过缺口进入水田；7 ～ 8 月高温季节通过加深水位降低水体温度，田水深度保持在 15 ～ 20 厘米，在稻谷成熟之际排干田水，黄沙鳖重回养殖沟内。

③ 除草。黄沙鳖在稻田中潜水游动爬行，觅食草，咬断水稻多余的嫩苗，起到松土、除草助长的作用。水稻田不需要进行化学除虫、除草。

④ 施肥。通过施用有机肥培肥水质，为黄沙鳖提供养料。稻鳖共生期可减少饲料的投喂。注意水稻田不能使用化肥。

⑤ 防病治虫。水稻采用物理、生物方法防治虫害。选

用抗病品种，少本稀植，使用有益菌种，增施有机肥，提高抗病性。不使用化学药剂。

⑥ 巡田。对进排水口及堤坝、田埂进行严格检查，发现封堵池埂有小洞或裂缝时，要尽快修复或更换破损的进排水设备。暴雨前及时加固池埂，疏通进排水口及渠道，避免发生溢水现象。

聘请专家到现场指导，养殖工人每天关注水温、气温及黄沙鳖动态，建立专门的生产养殖档案，利于溯源和及时发现并解决问题。

3. **水稻种植及管理。**

（1）选种。水稻选用高产、优质、口感好的籼米品种。采用人工和机插结合的方法栽培。第一次播种期为每年的3月中旬，移栽期为3月下旬至4月初；第二次播种期为每年的7月中旬，移栽期为7月下旬至8月初。用种量为15千克/亩。

（2）肥水管理。种植前施有机肥作为田底肥，种植后保持浅水层，7天左右自然露干一次，然后水深持平，待种苗稳定发育到一定阶段后加深水位，稻鳖共生。稻谷成熟之际水位低于田面，使田土逐渐硬实，便于机械收割。

（3）病虫防治。水稻生长期间不喷洒化学药剂，采用绿色防控技术。安装太阳能灭虫灯，物理除虫。

九

龙州县又一村生态种养专业合作社

『稻+田螺』模式

一、种养模式

龙州县又一村生态种养专业合作社位于龙州县龙州镇利民街。

该合作社的稻田养螺是一种粮经结合的新型高效农作模式，覆盖各地，规模逐年扩大。稻田里养殖田螺，不仅田螺的粪便可以肥田，滋养水稻，而且还能给稻根松土，促进水稻生长，提高经济效益；同时，水稻又为田螺提供了适宜的生长环境，促进田螺生长。

二、品种和品牌

1. 水稻品种：野香优2号。
2. 水产品品种：田螺。

三、产量效益

据估算，“稻＋田螺”立体生态种养模式的田螺亩产量为200千克，平均价格为20元/千克，亩产值4000元，亩成本550元，亩效益3450元；水稻亩产量为415千克，加工后的稻米销售价格为5元/千克，亩产值2075元，亩成本1580元（其中土地流转费每亩1000元，机耕费每亩120元，插秧人工费每亩400元，稻种费每亩60元），亩效益495元。合计亩产值6075元，亩成本2130元，每亩实际效益为3945元。

四、关键技术

1. **养螺的稻田工程**。

（1）稻田和稻种的选择。用于养螺的稻田应水源充足，水质良好，遇旱不干，遇涝不淹，土质肥沃，常年保水。稻田形状没有严格要求，面积可大可小。稻苗间距为40厘米×40厘米。养螺的稻田宜栽插矮秆抗倒伏的稻谷品种。

（2）放螺前的稻田工程。加高加固田埂，使其高度和宽度均达到50厘米以上，能蓄水深30厘米。进排水口设置防逃网。按田的大小在田中开“田”字形或者“回”字形沟，沟深和沟宽为30～40厘米；在稻田进水口开挖集螺坑，沟和坑的面积占稻田总面积的10%。同时做到沟沟相连，沟坑相通，沟底面向坑倾斜。开挖沟和坑，一是为了气候炎热或寒冷时供田螺避热避冷，二是收割水稻干田时集螺。要注意把田间的杂草、水稻根耙死，并发酵好。如果是由荒田改造成的养螺田，一定要彻底清除草根，最好耙田两次。

2. **放养田螺**。

（1）放螺前应做好准备工作。一是未施基肥的稻田先要施基肥培肥水质，基肥选用农家肥，牛粪较好。二是在进出水口设置防逃网。若是首次养螺，待秧苗返青后可直接放螺。

（2）螺种的选择。螺种可以自己从稻田、水渠、鱼池等处采集，最好向育种老板统一采购，采购时一定要把握好质量，否则养殖成活率低。螺的品种多，应选择养殖中华圆田螺。主要要求是：田螺个体较大；壳面完整无破损；受到惊吓时螺体快速收回壳中，使厣有力地紧盖螺壳口；螺体没有蚂蟥等寄生。

（3）放养时间。宜分别在1月、2月、10月、11月、12月分批投放或一次性放养足够的田螺。要避开炎热酷暑时运输和投放。

（4）放养密度。每亩放养规格为10克以上的种螺25千克左右（约500个），或放养数量更多的小规格螺种。

3. **饲养管理**。

（1）投喂饵料。人工投喂的饵料可用花生麸搭配麦麸，比例是4 ∶ 6，每亩用量为0.75～1.25千克。每月投饵

3～4次，时间为早晨或傍晚，饵料要在田中均匀投放。观察到有幼螺产出后，投喂的饵料颗粒必须非常细小，同时最好在饵料中拌加甲鱼饲料或鳗鱼饲料等配料，使小仔螺能够吃到足够的营养丰富的饵料。

（2）调节水质。水体是田螺生活的环境，一般鱼虾能生活的水质都适合田螺生长。要求水体水质肥爽，浮游生物多，溶氧丰富，含氧量在3.5毫克/升以上，养殖期水深一般保持在15厘米以上，温度过高或过低时可适当增减水深来调控。如果是较难保水的梯田，可用塑料薄膜铺田埂蓄水。水质不良、缺氧或水温过高时应及时换注新水，防止田螺死亡。换水量每次为1/4至1/2，不宜过大。夏季水温高，水质容易败坏缺氧，要勤换水。早春和晚秋水温低，换水次数可减少。

（3）防逃。田螺常从进排水口或满水的田埂逃走，要经常检查拦网是否破损。暴雨天要注意疏通排水口，防止田水过满甚至田埂倒塌。

（4）预防病害和敌害。田螺一般无疾病。发现蚂蟥时，用浸过猪血的草耙诱捕有良好的效果。田螺的敌害主要有福寿螺、鸭子、水鸟和老鼠，尤其要注意防止鸭子进入田中。另外，养螺的稻田不宜放养罗非鱼、青鱼、鲤鱼、鲶鱼和鲫鱼等，因为它们会吃田螺。

（5）预防青苔长出。水质太瘦或水位较浅时容易长青苔，可用青苔剂杀灭，也可以使用物理防治法，用抽水机冲水杀灭。

（6）过冬。入冬前要强化培育，使田螺体质健壮。入冬后必须将水加深到 20 厘米以上保温和预防老鼠。

4. 正确处理养螺与种稻的关系。

稻田养殖田螺可扬长避短，挖掘稻田潜能，大幅度提高经济效益，是一种良好的生态种养模式。当然，养螺与种稻之间的关系需要正确处理。

（1）与耕田插秧的关系。首次养螺前应先翻耕，再开挖养螺沟坑，然后插秧放螺。已养螺的稻田，耙耕前尽量先把螺引诱到集螺坑中，坑与田间以泥埂分隔，防止耙耕时泥水进入坑中。插秧后田水返青，再清除坑与田间的泥埂，让田螺重新向田中活动。

（2）与打农药的关系。如果养殖田螺的稻田插秧密度与传统农田无异，则容易发生病虫害。一定要选用高效低毒的农药。水剂农药在晴天露水已干后喷洒在水稻叶面上，喷药时喷雾器的喷头朝上。粉剂农药则在晴天露水未干时喷在水稻叶面上。同时，可根据不同农药对田螺的安全浓度及田中水的体积，控制全田农药的使用总量。

（3）与晒田的关系。由于水稻分蘖期稻田需要短时间干水晒田，这时可缓慢排水，将田螺引入沟和坑中饲养。

十

融水苗族自治县大鲶坝水产养殖专业合作社『稻+石螺』模式

一、种养模式

大鲶坝水产养殖专业合作社位于融水苗族自治县融水镇东良村梧村屯。

中华石头螺，采取的是池塘纯养的新型高效农作模式，辐射到融水苗族自治县各乡镇，面积逐年扩大。中华石头螺亲本在清泉中用古老的方法培育，然后分养到稻田里世代流传而来。中华石头螺食用天然水虫、米糠为主，菜叶为辅。养殖中华石头螺，利用螺蛳在水产养殖中的净化水质作用和富营养化水体的生态修复功能，水产养殖户和环境修复工作者分别取得了良好的经济效益和生态效益。

二、品种和品牌

1. **水稻品种：高秆稻**。

2. **水产品品种：中华石头螺**。

中华石头螺又名石螺，外壳呈深绿色、黑色或黄色，椭圆形，体形比田螺小，多附在水中石头等硬物上。壳硬而厚，呈卵锥形或纺锤形；螺沟清晰而完整；壳表光滑，呈白色。有 5 ～ 6 个膨大的螺层，无副螺层。螺塔高，螺层明显，各螺层呈阶梯状，各层散布着排列不规则的红褐色斑纹。壳内为肉身，体形按硬壳的形状生长，因此抽出时会呈螺丝状。壳口有硬片，呼吸、觅食或行动时会微微开合。中华石头螺有昼伏夜出的习性，白天潜伏在沙泥中，

夜间外出觅食。匍匐爬行，并借助腹足分泌的黏液使身体滑行移动，具有明显的迁移习性。

三、产量效益

据估算，"稻 + 石螺"模式中的中华石头螺亩产量为 500 千克，平均价格为 14 元 / 千克，亩产值 7000 元，亩成本 3000 元，亩效益 4000 元。该模式水稻尚未测产，暂无水稻产量效益数据。

四、关键技术

1. **稻田设施建设**。

（1）稻田选择。用于养殖田螺的稻田要求水源充足，水质良好，无污染，排灌方便，遇旱不干，遇涝不淹，有松软底泥且富含腐殖质，无冷浸，背风向阳，保水性能好。稻田形状没有严格要求，面积可大可小。

（2）稻田改造。加高加固田埂，使其高度和宽度均达到50厘米以上，蓄水深度30厘米，进排水口设置防逃栅。按田的大小，在田中开挖"一""十"或"井"字形田沟，沟深和沟宽为30～40厘米。另外还需开挖集螺坑。集螺坑蓄水深60～80厘米，一般为长方形或正方形，根据田的大小设一个或多个。坑的总面积占整个稻田面积的10%左右，坑一般靠近田埂边。同时做到沟沟相连，沟坑相通，沟底面向坑倾斜。开挖沟和坑，一是为了炎热或寒冷时供田螺避热避冷，二是收割水稻干田时集螺。在开挖稻田工程前，按50千克/亩的标准全田均匀泼洒生石灰化浆进行消毒，同时每亩稻田施用发酵后的猪牛粪300～500千克，翻耕后开挖沟和坑。

2. **中华石头螺的养殖与管理**。

（1）田螺养殖池要求选择水源充足、水质良好、腐殖质土的地方建池，一般宽3米左右，长度为10～15米，池四周做埂，埂高出水面20厘米左右。池子一端边角设进水口，另一端对角设排水口，四周设防逃网，水深30～40厘米，池底有适当的腐殖质土。为了增加田螺爬行面积，同时创造良好的遮阴条件，可在池塘边种植空心菜；面积较大的池塘，可在池塘的中间或一边种植浮萍、红萍、莲、慈姑等水生植物，供田螺食用、遮阴避暑和栖息。种螺放养前15天，要用生石灰进行彻底消毒。具体做法是：生石灰干池消毒的量为每亩60～70千克，带水清塘1米水深按每亩135～165千克的标准，化浆后全池泼洒。仔螺产出两个星期后，可投喂新鲜的青菜、豆饼、米糠、蚯蚓、动物内脏和下脚料等，也可自制饲料，配方为玉米20%、鱼粉20%、米糠60%。种螺入池后，每10～15天添加畜禽粪便1次。除了池塘的周围，还应在池塘中间位置投放，每次每亩增加50～100千克农家肥，以确保饲料的质量。仔螺产出后，每2～3天喂1次人工饲料，每次投放的量为种螺总量的2%～3%。

（2）高温季节要严防池塘水温过高，要根据需要加水来降低池塘水温。保持水体透明度为30厘米左右，如

水质偏瘦要增加肥料，水质偏肥则要及时换水。每隔 1 个星期泼洒生石灰进行水体消毒，调节水的 pH 值，增加水体的钙含量。每天巡塘检查田螺的生长状况、饲料生物多少和水质的肥瘦等。在养殖过程中，如发现田螺厣吸入螺壳内较深，说明缺乏饲料营养，应增加投喂量；如发现螺厣四周有螺肉挤出，表明田螺缺钙，应增加水和饲料中的含钙量。田螺产仔阶段，要经常翻动池边的动物饲料，防止螺仔钻入憋死。

做好日常养殖记录，定期检查生长情况，为调整投喂量及捕捞提供依据。

十一

广西五关生态农业有限公司

『稻虾共生』模式

一、种养模式

广西五关生态农业有限公司基地位于来宾市兴宾区五山镇马则村。

该公司主要以稻虾综合种养模式进行种养。这种模式将稻田进行“小改大”和标准化田间工程改造，合理套养小龙虾，达到“田面种稻，水体养虾，虾粪肥田，稻虾共生”的效果，是一种把种植业和水产养殖业有机结合的立体生态农业生产方式。目前每亩可产优质稻谷 350 千克左右，小龙虾大规格苗种和商品虾 120 千克左右。

二、品种和品牌

1. 水稻品种：百香139。

2. 水产品品种：克氏原螯虾（小龙虾）。

3. 品牌介绍。

（1）北回桂稻。

该公司的水稻种植基地位于北回归线上的三利湖国家湿地公园附近，日照充足，泉水冬暖夏凉，历来是贡米产地。公司在联合国粮食计划署特聘专家韦吉田和广西水稻

研究所副研究员曾华忠的指导下，使用非杂交稻品种，完全采用有机水稻的种植方式获得优质水稻，经广西出入境检验检疫局严格检验，确保无重金属和农药残留。

（2）三利小龙虾。

该公司位于三利湖畔，水源充足，水草丰茂。水田中有大量恒温泉水涌出，全年水温为 20 ～ 30 摄氏度，恰好是最适宜小龙虾生存的温度区间。公司引进江苏和湖北的小龙虾种群，并与中国科学院桂建芳院士工作团队、广西水产科学研究院开展合作，采用先进的技术进行养殖。经过广西产品质量检验研究院检测，三利小龙虾为无重金属和农药残留的产品。

三、产量效益

据估算，稻虾生态种养模式中，小龙虾平均亩产量为 120 千克，按平均价格 60 元 / 千克计算，亩产值 7200 元，亩成本 2500 元，亩效益 4700 元；水稻平均亩产量为 350 千克，加工后的稻米销售价格为 10 元 / 千克，亩产值 3500 元，亩成本 1100 元，亩效益 2400 元。合计亩产值 10700 元，亩成本 3600 元，每亩实际效益为 7100 元。

四、关键技术

1. **稻田工程建设**。

严格按照《SC/T 1135 稻渔综合种养技术规范》的规定，沟坑占比不超过稻田的 10%；养殖区面积 20 亩以上的采用环形沟，围沟宽度 3 ～ 4 米。养殖区面积小于 20 亩的采用 U 形沟、L 形沟、单边沟；或根据田块高度，将低洼处因地制宜改造为深度 0.5 ～ 0.6 米的深水区。开挖时注意表土回填，保护耕作层。

加固、加高、加宽、夯实外田埂。田埂应高于田面0.5～0.6米，顶部宽2～3米。同时在田埂上设置防逃装置。排水口用60目以上的长型网袋过滤进水。按照高灌低排的格局，保证灌得进，排得出。

2. **水生植物种植**。

稻田围沟较浅，主要应注重水生植物的多样性，保证某一水草的季节性死亡不会恶化水质。为此，可因地制宜地选择适宜的水生植物。推荐使用轮叶黑藻、水花生或本地杂草，起到提供躲避物和降低底层小环境温度的作用。

3. **水稻的种植与管理**。

种植一季中稻。在靠近虾沟的田面围上一周高30厘米、宽20厘米的土埂，将环沟和田面分隔开。水稻宜采用直播方式，注意加倍投放稻种，达到每亩2千克左右。

水稻管理应掌握"湿润出苗，浅水促蘖，够苗至拔节期适度搁田，中水孕穗扬花，后期间隙灌溉，干干湿湿"的原则。二叶一心至三叶一心期建立浅水层促分蘖，总茎蘖数达到预期穗数的80%～90%时开始搁田。孕穗期至抽穗扬花，保持水层。灌浆前期间歇灌水，后期干干湿湿，成熟前5～7天断水。尽量不使用化肥，重施基肥，巧施叶面肥。基肥使用腐熟牛粪，不使用猪粪、鸡粪。

4. **养殖模式**。

（1）养殖茬口。

常规养殖可分为3种类型，即投放亲本虾、投放大规格苗种、投放幼虾。一般每年5月投放体重4～10克的大规格苗种，7～8月上市，剩余的成品虾作为亲本虾培育。12月到次年1月销售产后亲本虾，2～5月销售苗种和部

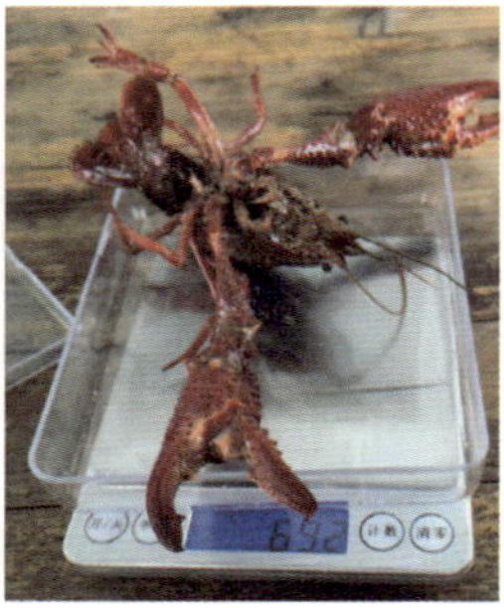

分商品虾。留种继续养殖。如直接投放亲本虾，则9月投放最佳；幼苗9～11月投放最佳。因经历过冬季低温期养殖，虾可以生长到较大规格才性成熟，平均体重可达到50克以上。

（2）选择与运输。

运输时间在5小时内，成活率可达到90%以上，因此应就近投放。在运输前先检查幼虾的质量，要求虾体格健壮、密度适当、操作细致、水质清新，途中避免阳光直射。运输前1天可将虾集中在网箱中暂养，使其适应高密度环境。亲本虾和大规格苗种带水草干运成活率最高，幼虾一般采用充氧袋包装运输，到达目的地后先浸泡调温再投放。亲本虾应就近选择颜色暗红或深红色、有光泽、体表光滑无附着物、体格健壮、活动能力强、体重在30克以上的成虾。

（3）投饲管理。

人工饵料可选用配合饲料，搭配黄豆、玉米等原粮。

投喂优质配合饲料生长速度最快，但饵料系数高。此外，长期投喂配合饲料容易导致高温期病害爆发。鱼糜、绞碎的螺蚌肉、屠宰厂的下脚料等动物性饲料对水质影响大，仅可在幼虾前期阶段投喂。

（4）日常管理。

经常巡查，调控水深。水温适宜时保持田面水深 30 ～ 50 厘米，高温或寒冷天气逐渐加深水位至 40 ～ 60 厘米。及时修补防逃设施，防止下雨时逃虾。

5. **病害防治**。

病害防治主要依靠碘制剂或生石灰等消毒，降低环境中的病菌浓度，在水质良好、养殖密度不高的情况下，小龙虾即使携带病毒也不会发病。目前威胁较大的是病毒病，被称为“五月魔咒”。可采取以下两种防治方法：一是提早投苗，提早捕捞，待疾病爆发时大虾基本捕捞完毕；二是种好水草，用有益微生物制剂调水，使水体稳定、水质良好。

水稻灭虫主要依靠杀虫灯。经实践检验，杀螟杆菌及苏云金芽孢杆菌粉剂对小龙虾无影响。病菌类疾病如稻瘟病、纹枯病、稻曲病应使用无公害药剂春雷霉素、井冈霉素兑水防治。

防天敌，尤其是防鸟，是小龙虾养殖过程中的重中之重。目前采用以下几种方式：

人工驱鸟——人工驱赶；

声音驱鸟——敲锣，放鞭炮，播放猛禽叫声；

物形驱鸟——放稻草人、五色彩条、猛禽风筝；

光驱鸟——安放玻璃镜片、光盘、反光金属丝带；

波驱鸟——安装微波驱鸟器、超声波驱鸟器。

6. **捕捞**。

捕捞工具为地笼。成虾地笼网眼规格为 2.5 ～ 3 厘米，虾苗地笼网眼为 1.5 ～ 2 厘米。将地笼布放于稻田及虾沟内，每隔 3 ～ 5 天转换地笼布放位置。当捕获量明显减少时，排出稻田积水，将地笼集中于虾沟。捕捞时遵循捕大留小的原则，进入地笼的幼虾不能回田。

十二

广西庄润农业发展有限公司“稻+虾”模式

一、种养模式

广西庄润农业发展有限公司位于贵港市港北区大圩镇东塘村。

该公司实行的是“稻虾共作”模式。“稻虾共作”是一种种养结合的生态农业模式，即在稻田中养殖克氏原螯虾并种植水稻。水稻生长过程中，稻田里的微生物及害虫为克氏原螯虾提供了饵料，克氏原螯虾产生的排泄物又为水稻生长提供了生物肥，从而形成一种优势互补的生物链，使生态环境得到改善，实现无公害生产。

二、品种和品牌

1. **水稻品种**：**鑫丰优**868。

2. **水产品品种：克氏原螯虾**。

3. **品牌介绍**。

庄润农业发展有限公司非常注重品牌的打造，注册了"荷城小龙虾"商标和"龙涡稻虾米"商标，同时利用贵港市丰富的硒资源，积极申报富硒认证。其中，"荷城小龙虾"是广西首个通过富硒检测的克氏原螯虾品牌，送检的克氏原螯虾硒含量达 0.28 毫克 / 千克。

三、产量效益

根据测算，稻虾生态种养模式中的克氏原螯虾亩产量为 200 千克，平均价格为 55 元 / 千克，亩产值 11000 元，亩成本 6000 元，亩效益 5000 元；水稻亩产量为 300 千克，加工后的稻米销售价格为 20 元 / 千克，亩产值 6000 元，亩成本 1100 元，亩效益 4900 元。合计亩产值 17000 元，亩成本 7100 元，每亩实际效益为 9900 元。

四、关键技术

1. **稻田设施建设**。

（1）稻田选择。用于养殖克氏原螯虾的稻田，宜有充足水源，远离污染源，排灌方便，保水力强，土质肥沃，以黏土和壤土为好，有腐殖质丰富的淤泥层，不容易受洪水淹没。田块的面积以 10 ～ 50 亩为宜。

（2）开挖环形养殖沟。沿稻田四周开挖环形养殖沟，沟深约 0.8 米，沟面宽 2 ～ 3 米，底宽 1 ～ 1.5 米，坡比 1 ∶ 1.5。养殖沟面积不超过稻田总面积的 10％。利用开挖环形沟挖出的泥土加固、加高、加宽田埂。田埂加固时每加一层泥土都要进行夯实。田埂应高于田面 0.6 ～ 1 米，顶部宽 2 ～ 3 米。

（3）防逃设施建设。克氏原螯虾的攀爬逃逸能力较强，而且天敌较多，所以稻田排水口和田埂上应设防逃网。排水口的防逃网应为每厘米 8 个孔，田埂上的防逃网可用水泥瓦、防逃塑料膜制作，防逃网高 40 厘米。

（4）进排水口建设。进排水口分别位于稻田两端，进水渠道建在稻田一端的田埂上，进水口用 60 目的长型网袋过滤进水，防止敌害生物随水流进入。排水口建在稻田另一端环形沟的低处。

2. **克氏原螯虾的养殖与管理**。

（1）投放幼虾养殖模式。

每年 9 ～ 10 月，中稻收割后，稻田应立即灌水，每亩投放规格为 1 厘米的幼虾 1.5 万～ 3 万尾。投放幼虾养殖模式下，经幼虾培育和成虾养殖两个阶段养成商品虾。

① 在稻田中用 20 目的网片围造一个幼虾培育区，每

亩培育区培育的幼虾可供 20 亩稻田养殖。

② 稻田水深应为 0.2 ～ 0.3 米。

③ 培育区内移植水草，水草包括沉水植物（菹草、眼子菜、轮叶黑藻等）和漂浮植物（水葫芦、水花生等）。沉水植物面积应为培育池面积的 50％～ 60％，漂浮植物面积应为培育池面积的 40％～ 50％，且用竹框固定。有稻茬的可以只移植漂浮植物，供幼虾栖息、蜕壳、躲藏和摄食。

④ 幼虾投放前 7 天，应在培育区施经发酵腐熟的农家肥（牛粪、鸡粪、猪粪），每亩用量为 100 ～ 150 千克，为幼虾培育适口的天然饵料生物。

（2）幼虾质量。

幼虾规格整齐，活泼健壮，无病害。

（3）幼虾投放。

① 幼虾运输。采用双层尼龙袋充氧、带水运输幼虾。根据距离远近，每袋装幼虾 0.5 万～ 1 万尾。

② 投放时间。幼虾投放应在晴天早晨、傍晚或阴天进行，避免阳光直射。

③ 投放密度。培育区每亩应投放规格为 1 厘米的幼虾 30 万～ 60 万尾。

④ 注意事项。包装、运输、投放幼虾时应避免离水操作，幼虾运到培育区后应进行泡袋调温，温差不超过 2 摄氏度。

（4）幼虾培育阶段的饲养管理。

① 投饲：幼虾投放第1天即投喂鱼糜、绞碎的螺蚌肉等。每日投喂3～4次，除了早上、下午和傍晚各投喂一次，有条件的宜在午夜增投一次。日投喂量一般以幼虾总重的5%～8%为宜，具体投喂量应根据天气、水质和虾的摄食情况灵活掌握。日投喂量的分配如下：早上20%，下午20%，傍晚60%；或早上20%，下午20%，傍晚30%，午夜30%。

② 巡池：早晚巡池，观察水质的变化。幼虾培育期间的水体透明度应为30～40厘米。水体透明度用加注新水或施肥的方法调控。

③ 经过15～20天的培育，幼虾规格达到2厘米后即可撤掉围网，让幼虾自行爬入稻田，转入成虾稻田养殖。

（5）成虾养殖管理。

① 投饲：12月前每月宜投1次水草，用量为每亩150千克；施一次腐熟的农家肥，用量为每亩100～150千克。每周宜在田埂边的平台浅水处投喂1次动物性饲料或克氏原螯虾专用人工配合饲料（粗蛋白含量30%～32%），投喂量一般为虾总重量的2%～5%，具体投喂量应根据气候和虾的摄食情况调整。当水温低于12摄氏度时，可不投喂。翌年3月，当水温上升到16摄氏度以上，每个月投2次水草，用量为每亩100～150千克。每周投喂1次动物性饲料，用量为每亩0.5～1千

克。每日傍晚还应投喂1次人工饲料，投喂量为稻田存虾重量的1%～4%，以加快克氏原螯虾的生长。可用饲料有克氏原螯虾专用人工配合饲料（粗蛋白含量28%～30%）、饼粕、麸皮、米糠、豆渣等。

② 经常巡查，调控水深。11～12月，保持田面水深30～50厘米，随着气温的下降，逐渐加深水位至40～60厘米。第二年的3月水温回升时，用调节水深的方法来控制水温，使水温更适合克氏原螯虾的生长。晴天时，水可浅些，使阳光照射水面，以便水温尽快回升；阴雨天或寒冷天气，水应深些，以免水温下降。

（6）投放亲本虾养殖模式。

每年的8月底，中稻收割前15天往稻田的环形沟和田间沟中投放亲本虾，每亩投放20～30千克。投放亲本虾养殖模式经亲本虾繁殖、幼虾培育、成虾养殖三个阶段养成商品虾。

① 选择亲本虾的标准为：颜色为暗红或深红色，有光泽，体表光滑，无附着物；个体大，雌雄性个体重应

在35克以上，雄性个体宜大于雌性个体；雌雄性亲本虾应附肢齐全，无损伤，无病害，体格健壮，活动能力强。

② 亲本虾投放。

亲本虾从省级以上良种场或天然水域中挑选，雌雄亲本不能来自同一群体，遵循就近选购原则。

挑选好的亲本虾，用不同颜色的塑料虾筐按雌雄分装，每筐上面放一层水草，保持潮湿，避免太阳直晒，运输时间应不超过10小时，运输时间越短越好。

亲本虾投放前，环形沟和田间沟应移植40%～60%面积的漂浮植物。

雌雄亲本虾按2∶1或3∶1的比例投放，投放时将虾筐浸入水中2～3次，每次1～2分钟，然后投放在环形沟和田间沟中。

③ 饲养管理。

8月底投放的亲本虾除了自行摄食稻田中的有机碎屑、浮游动物、水生昆虫、周丛生物及水草等天然饵料，宜投喂少量动物性饲料，每日投喂量为亲本虾总重的1%。10月发现有幼虾活动时，饲养管理方法见本模式的"幼虾培育阶段的饲养管理”和“成虾养殖管理”方法。

中稻收割后将秸秆还田并随即加水，使水淹没田面。

（7）防止敌害。

稻田饲养克氏原螯虾，其敌害较多，如蛙、水蛇、黄鳝、肉食性鱼类、水老鼠及水鸟等。放养前用生石灰清除敌害生物，每亩用量为75千克；进水口用60目纱网过滤；可在田边设置一些彩条或稻草人以驱赶水鸟。

（8）常见疾病及其防治。

克氏原螯虾常见疾病及其防治方法见表1。

表1　克氏原螯虾常见疾病及其防治方法表

病名	病原	病症	防治方法
甲壳溃烂病	细菌	初期病虾甲壳局部出现颜色较深的斑点，然后斑点边缘溃烂、出现空洞	1. 避免损伤 2. 饲料要足，防止争斗 3. 每亩用10～15千克的生石灰兑水全池泼洒，或每立方米用2～3克的漂白粉全池泼洒，可以达到较好的治疗效果。生石灰与漂白粉不能同时使用
纤毛虫病	纤毛虫	纤毛虫附着在成虾、幼虾、幼体和受精卵的体表、附肢、鳃等部位，形成厚厚的一层“毛”	1. 用生石灰清塘，杀灭池中的病原 2. 用0.3毫克/升四烷基季铵盐络合碘全池泼洒
病毒性疾病	病毒	初期病虾螯足无力，行动迟缓，伏于水草表面或池塘四周浅水处；解剖后可见少量虾有黑鳃现象，普遍表现为肠道内无食物，肝胰脏肿大，偶有出血症状（少数头胸甲外下缘有白色斑块），病虾头胸甲内有淡黄色积水	1. 用聚维酮碘全池泼洒，使水体中的药物浓度达到0.3～0.5毫克/升 2. 或者用季铵盐络合碘全池泼洒，使水体中的药物浓度达到0.3～0.5毫克/升 3. 也可以采用单元二氧化氯100克溶解在15千克水中，均匀泼洒在面积为1亩的（按平均水深1米计算）水体中 4. 聚维碘酮和单元二氧化氯可以交替使用，每种药物可连续使用2次，每次用药间隔为2天

（9）成虾捕捞、幼虾补投和亲本虾留存。

① 成虾捕捞时间。

第一茬捕捞时间从 4 月中旬开始，到 6 月上旬结束。第二茬捕捞时间从 8 月上旬开始，到 9 月底结束。

② 成虾捕捞工具。

捕捞工具主要是地笼。地笼网眼规格应为 2.5 ～ 3 厘米，保证成虾被捕捞，幼虾能通过网眼筛掉。

③ 成虾捕捞方法。

将地笼布放于稻田及虾沟内，每隔 3 ～ 10 天转换地笼布放位置。当捕获量比开始捕捞时明显减少，可排出稻田中的积水，将地笼集中于虾沟中捕捞。捕捞时遵循捕大留小的原则，并避免因挤压伤及幼虾。

（10）幼虾补投。

第一茬捕捞完后，根据稻田存留幼虾的情况，每亩补放规格为 3 ～ 4 厘米的幼虾 1000 ～ 3000 尾。

① 幼虾来源。

从周边虾稻连作的稻田中或湖泊、沟渠中采集。

② 幼虾运输。

挑选好的幼虾装入塑料虾筐，每筐装重不超过 5 千克。每筐上面放一层水草，保持潮湿，避免太阳直晒。运输时间应不超过 10 小时，运输时间越短越好。

③ 亲本虾留存。

第二茬捕捞期间，前期捕大留小，后期捕小留大，亲本虾存田量每亩不少于 15 千克。

3. **水稻的种植与管理**。

（1）水稻栽培。

① 水稻品种选择。

养虾稻田只种一季稻，水稻品种要选择叶片开张角度小，抗病虫害，抗倒伏且耐肥性强的紧穗型品种。

② 稻田整理。

稻田整理采用围埂法，即在靠近虾沟的田面围上一周高 30 厘米、宽 20 厘米的土埂，将环沟和田面分隔开。要求整田时间尽可能短，防止沟中小龙虾因长时间密度过大而造成不必要的损失。也可以采用免耕抛秧法。

③ 施足基肥。

养虾的稻田，可以在插秧前的 10 ～ 15 天，每亩施用农家肥 200 ～ 300 千克，尿素 10 ～ 15 千克，均匀撒在田面并用机器翻耕耙匀。

④ 秧苗移植。

秧苗在 6 月中旬开始移植，采取浅水栽插、条栽与边行密植相结合的方法，养虾稻田宜推迟 10 天左右。无论是采用抛秧法还是常规插秧，都要充分发挥宽行稀植和边坡技术优势，移植密度以 30 厘米 ×15 厘米为宜，以确保克氏原螯虾的生活环境通风透气。

（2）稻田管理。

① 水位控制。

3 月，稻田水位控制在 30 厘米左右。4 月中旬以后，稻田水位应逐渐提高至 50 ～ 60 厘米。6 月插秧后，前期做到薄水返青、浅水分蘖、够苗晒田；晒田复水后湿润管理，孕穗期保持一定水层；抽穗以后采用干湿交替管理，遇高温灌深水调温；收获前一周断水。越冬期前的10 ～ 11 月，稻田水位控制在 30 厘米左右，使稻蔸露出水面 10 厘米左右；越冬期间水位控制在 40 ～ 50 厘米。

② 施肥。

坚持“前促中控后补”的施肥原则，每亩施纯氮肥12 ～ 14 千克、五氧化二磷 5 ～ 7 千克、氧化钾 8 ～ 10千克。严禁使用对克氏原螯虾有害的化肥，如氨水和碳酸氢铵等。

③ 晒田。

晒田总体要求是轻晒或短期晒，即晒田时使田块中间不陷脚，田边表土不裂缝和发白。田晒好后，应及时恢复原水位，尽可能不要晒得太久，以免环沟内克氏原螯虾因长时间密度过大而产生不利影响。

（3）水稻病虫害防治。

① 虫害防治。

物理防治：按每 50 亩安装一盏杀虫灯的标准诱杀成虫。

化学防治：利用和保护好害虫天敌，使用性诱剂诱杀成虫，使用杀螟杆菌及苏云金芽孢杆菌粉剂防治螟虫。

生物防治：重点防范稻蓟马、稻飞虱、稻纵卷叶螟等害虫。防治方法见表 2。

表 2　水稻虫害防治方法表

病虫	防治时期	防治药剂及用量（克/公顷）	用药方法
稻蓟马	秧田卷叶株率 15%，百株虫量 200 头；大田卷叶株率 30%，百株虫量 300 头	吡蚜酮 60 ~ 65	喷雾
稻水象甲	百蔸成虫 30 头以上	杀虫双 750	喷雾
褐飞虱	卵孵高峰至 1 ~ 2 龄若虫期	噻嗪酮 112.5 ~ 187.5，吡蚜酮 60 ~ 75	喷雾
白背飞虱	卵孵高峰至 1 ~ 2 龄若虫期	噻嗪酮 112.5 ~ 150	喷雾
稻纵卷叶螟	卵孵盛期至二龄幼虫前	氯虫苯甲酰胺 30；杀虫双或杀虫单 810 ~ 1080，苏云金杆菌 3750 ~ 4500	喷雾
二化螟 三化螟 大螟	卵孵高峰器	氯虫苯甲酰胺 30，杀虫单 675 ~ 94，苏云金杆菌 3750 ~ 4500	喷雾

② 病害防治。

重点防治好纹枯病、稻瘟病、稻曲病等，防治方法见表 3。

表 3　水稻病害防治方法表

病害	防治时期	防治药剂及用量（克/公顷）	用药方法
秧苗立枯病	水稻秧苗 3 ~ 3 叶期	广枯灵 45 ~ 90 敌克松 875 ~ 975	喷雾
稻瘟病	发病初期	三环唑 225 ~ 300	喷雾
纹枯病	发病初期	井岗霉素 150 ~ 187.5，苯醚甲环唑·丙环唑 67.5 ~ 90	喷雾
稻曲病	破口前 3 ~ 5 天	苯醚甲环唑·丙环唑 67.5 ~ 90	喷雾

（4）排水、收割。

排水时，应将稻田的水位快速地下降到田面5～10厘米处，然后缓慢排水，使克氏原螯虾在环形沟和田间沟中掘洞。最后环形沟和田间沟保持10～15厘米的水位，即可收割水稻。

十三

靖西市南坡乡底定村桑宏种桑养蚕专业合作社『稻+黑鲤』模式

一、种养模式

靖西市南坡乡底定村有连片稻田3500亩。这里与底定自然保护区毗邻，水资源丰富，水质无污染，自然条件优越。

当地群众有稻田养鱼的传统，稻田里大多配套放养鲤鱼。当地种的是单季稻，每年5月插秧后投放鱼苗，9月捕捞活鱼后收稻。一般每亩产鱼15千克，稻田鱼十分畅销，售价达70元/千克以上。南坡乡稻田养鱼为群众自发，处于传统粗放状态，缺乏有效的管理和规范的稻田综合种养模式，产量低，抵御市场等风险能力弱。为转变传统养殖模式，提高稻田综合种养效益，增强稻田养鱼特色产业发展后劲，靖西市南坡乡底定村桑宏种桑养蚕专业合作社建立了580亩的稻渔综合种养示范基地，在巩固传统稻田养鱼的基础上，进一步规范“稻鱼共生”技术模式，更好地实现了“一水两用、一田多收、稳粮增效、粮渔双赢”。通过稻渔生态综合种养产业带动，当地贫困户户均增加年收入1200元以上。

二、品种和品牌

1. **水稻品种：杂优稻292。**

2. **水产品品种：底定乌鲤。**

《靖西县志》记载，南坡乡有稻田养鱼、自繁鲤鱼苗的传统，利用稻田养鱼已有100多年历史。底定村居民养了一种独特的土著鲤，鱼侧鳞以上的背部鳞片亮黑，侧鳞以下的腹部鳞片呈橘红色或银白色，胸鳍、臀鳍橘红带黑或银白带黑，尾鳍亮黑。当地种单季稻，每年5月插秧后向稻田中投放体长3厘米的土著鲤鱼苗。初期投喂一些玉米粒等农家饲料；中期和后期基本不投喂。鱼儿主要食用稻田中的浮游生物和散落的谷粒。至9月捕捞时鲜鱼个体重150～200克，个别可达400克。

底定乌鲤的烹调方式主要有熬汤和煎炸，长时间熬煮的鱼汤色泽乳白，口感醇厚；煎炸鱼则表皮金黄香脆，鱼肉鲜美有嚼头。经过精心烹制的底定乌鲤是当地待客的上乘佳肴。

底定村计划通过提纯、繁育扩群等方式对底定乌鲤进行保护、开发和利用，申请农产品地理标志登记证书，创建品牌，结合有机稻种植推广，全面提升稻渔生态综合种养层次，增加当地农民收入，助力脱贫攻坚。

三、产量效益

通过对稻渔共生的农田基础设施进行改造，稻田每亩可产稻谷 500 千克，平均价格为 6 元 / 千克，亩产值 3000 元；每亩产鱼 50 千克，平均价格为 50 元 / 千克，亩产值 2500 元。亩利润在 4500 元以上的高产高效农业模式，核心区年产值 348 万元以上。

四、关键技术

1. 田间工程。

2016年以来，桑宏种桑养蚕专业合作社在底定村建立稻渔生态综合种养示范基地，以“合作社+农户”模式运作经营。该合作社组织进行田埂加高加固，进排水系统建设，以及鱼坑、鱼沟建造等田间标准化改造，推广“增水”，硬化加高田基，在田间开挖鱼坑、鱼沟，增加稻田养殖水体，实施“坑沟式”稻田养鱼模式。

2. 底定乌鲤的养殖与管理。

做好“两增两保”。一是增加优质高效品种的种养。插秧后，每亩投放规格为3厘米左右的底定乌鲤鱼种300～400尾。二是增饵。增施农家肥料、农家饵料，满足鱼生长需要。保持稻田水位10～20厘米，鱼沟水深50厘米以上，保持水的微流动。

3. 水稻的种植及管理。

（1）选种。水稻选用高产优质抗倒的粳稻品种，采用人工栽培。播种期为5月1日，移栽期为5月25日左右。用种量为每亩1千克，种植株行距为25厘米×30厘米。

（2）稻田的施肥。播种前期按每亩 25 千克的标准对水稻施以基肥。待水稻长到分蘖时期，将鱼集中到鱼沟、鱼坑中，按每亩 1 千克的标准对水稻进行追肥。以上所述的基肥和追肥以发酵的牛粪、猪粪等有机肥为主，化肥为辅，其中有机肥的重量为总量的 70% ～ 80% 。

（3）病虫防治。水稻生长期间不喷洒农药，采用绿色防控技术。按每 10 亩 1 盏的标准安装太阳能灭虫灯。

十四

『藕+禾花鱼』模式

桂林市桂莲农业投资有限责任公司

一、种养模式

桂林市桂莲农业投资有限责任公司的藕鱼混养是一种高效种养模式。藕鱼种养是在原有藕田的基础上，通过开挖一定的坑沟和放养相应的鱼苗，实现鱼藕共生。该模式充分利用了水体、肥力和生物资源等自然条件，藕田中的水生昆虫、浮游生物、杂草等为鱼类提供饲料，鱼类的粪便和残饵为莲藕提供肥料；同时，鱼类活动为莲藕生长提供了良好的土质条件，实现了藕鱼相互依存，共同生长。

二、种养品种

1．莲藕品种。

该公司主要有产藕品种巨无霸、鄂莲9号、鄂莲2号和双季藕，产莲子品种太空莲36号和广昌白莲，以及观赏荷花品种200多种。

2. **水产品品种**。

该公司的水产品品种以禾花鱼为主，同时配养少量青鱼、鲢鱼和鳙鱼。

三、产量效益

2018 年，该公司共有藕田 90 亩，产鱼 8100 千克，亩产 90 千克，单价 40 元 / 千克，产值 32.4 万元；产藕 22500 斤，亩产 250 斤，单价 10 元 / 千克，产值 22.5 万元；产莲籽 6750 千克，亩产 75 千克，单价 80 元 / 千克，产值54万元。2018年，该公司的爱莲荷花园接待游客15万多人次，收入70万多元。

四、关键技术

1. **田间工程**。

（1）藕田的选择：选择水源充足、水质良好、排灌方便、土质肥沃、不渗漏的藕田。

（2）田埂加高加宽夯实：把田埂做坚实牢固，使其不裂不漏不垮，防止大雨冲塌和黄鳝、水蛇、老鼠打洞，影响养殖效果。田埂和鱼沟采用角钢、水泥瓦做成宽1米、高0.4米的框架，并向框架内填土（田埂加高加宽与开挖鱼沟同时进行）。

2. **开挖鱼沟**。

在田埂四周开挖一条宽度和深度均为50厘米左右的鱼沟。根据藕田的大小和形状挖一条或多条平行纵横的鱼沟，要求沟沟相通。田埂的加高加宽夯实一般与开挖鱼沟同时进行，制作材料主要有角钢、水泥瓦和螺钉等，制作方法如下：

（1）用40厘米 ×40厘米角钢制成长6米、宽0.5米、高0.7米的长方形钢架。钢架数量可根据田块的实际情况增减。

（2）把钢架放入要加高加宽夯实及开挖的鱼沟田埂上，插入底泥 20 ～ 30 厘米，使之高于水面 10 厘米左右。把高 60 厘米、宽 90 厘米的水泥瓦用螺钉固定在钢架两边，把钢架两边的泥土挖入钢架中。

（3）另用角钢制一长 6 米、高 0.7 米的片状钢架，离田基 50 厘米平行插入泥中，把中间的泥土铲入角钢架中，形成鱼沟，深度 50 厘米左右。片状钢架应低于田基 5 厘米，高于田泥 5 厘米，防止泥土落入鱼沟中。

（4）做好防逃系统。在进排水口用不锈钢网、钢架等做好拦网。

3. **鱼窝建设**。

在藕田的一角或中央建一个鱼窝，鱼窝和鱼沟的面

积占整个藕田总面积的 10% 左右，鱼窝深度 60 ～ 70 厘米。鱼窝要有 1 个以上的通道与鱼沟相连。建造方式与田埂相同。

4. **鱼苗放养及管理**。

（1）放养鱼苗以禾花鱼为主，配养少量的青鱼、鲢鱼和鳙鱼。放养时间为 5 月，规格为 5 厘米左右，每亩放养量 800 ～ 1000 尾。

（2）喂养。在养殖初期，按鱼体重的 10% 投喂膨化料；鱼长到 0.05 千克左右后改为投喂鱼重 5% 的膨化剂。投喂地点一般为鱼坑，每天投喂一次。

（3）水位管理。藕田水位比田埂低 5 ～ 10 厘米，养殖期间水位一般保持不变。

5. **莲藕的种植及管理**。

（1）根据需要可种植产莲藕为主的品种，如巨无霸、鄂莲 9 号等品种；也可选择产莲子为主的品种，如太空莲 36 号、广昌白莲等品种。3 ～ 4 月开始种植，种植规格为 30 厘米 ×40 厘米。

（2）土肥管理。底肥以猪粪、鸡粪等有机肥为主，每亩施肥 150 千克，以后根据需要随时追肥。

（3）病虫害防治。藕的生长期一般不用喷洒农药，采用绿色防控，水下的虫害主要靠鱼捕食，叶面上的害虫用灭虫灯进行捕杀，害虫直接投入水中喂鱼。

6. **巡田**。

（1）每天巡田一次，检查鱼和藕的生长情况，及时增减鱼的投饵量，对莲藕进行追肥。

（2）经常检查有无鸟、鼠、蛇等动物进入藕田危害鱼类，如有，要增加必要的设施防范。

（3）对进排水口及田埂进行严格检查，如有破损及时修复，暴雨期间及时加固田埂，疏通进排水口及渠道，避免发生溢水。

十五 『稻+螺、鳅、虾』模式

广西桂螺农业科技有限公司

一、种养模式

广西桂螺农业科技有限公司位于柳州市福馨路12号柳州天步科技创业园。该公司成立于2018年，是一家集科研、生产、销售、技术服务于一体的规模化专业型农业科技公司，其前身是2015年成立的柳州市村尚养殖专业合作社。

该公司的生产经营模式是新型合作社共享经济模式（三养两种或多种多养。基本构成：社员+企业集团+管理团队+出资机构+金融机构），在全广西各市县开始筹划实施中，如柳州贫困县融水苗族自治县、三江侗族自治县，经济大县（区）鹿寨县、柳城县、柳江区，以及桂平市蒙圩镇等地区，已套养面积达到5万多亩，实现了产品的增收和效益、就业岗位的增加。现阶段面积逐步扩

大，计划在2019年12月底扩大面积达到10万亩，2020年扩大面积达到28万亩，2021年扩大面积到达100万亩，实现区域优质良种粮食自给，水产品品种丰富，供应充足，能够大量外调，为柳州螺蛳粉产业提供强有力的原料支撑。

二、品种和品牌

1. **水稻品种：超级稻。**

2. **水产品品种：厚壳田螺、土泥鳅、澳洲小龙虾。**

该公司本着"科技为民、效益至上"的原则，致力于农业科技成果的转化和推广，在研发具有自主知识产权产

品的同时，以柳州为中心，立足广西，面向全国推广。公司与柳州各县区的乡镇村组织农户成立农业合作社或合作联社，经营着超级稻、厚壳田螺、土泥鳅、澳洲小龙虾等种植养殖产品的推广和回收加工销售业务。按照现代企业制度的要求，坚持有利于农户、有利于科研、有利于生产、有利于销售的

"四个有利于"原则；在管理机构的设置上则坚持减少层次、职责分明、提高效率的原则。推动产业扶贫，因地制宜，脱贫致富，奔向小康。

三、产量效益

据估算，该公司的"稻＋螺、鳅、虾"立体生态种养模式中，超级稻亩产1100千克，平均价格3元/千克，亩产值3300元，亩成本1000元，亩利润2300元；土泥鳅亩产量为100千克，平均价格为7.5元/千克，亩产值7500元，亩成本1200元，亩利润6300元；澳洲小龙虾亩产量50千克，销售价格每千克200元，亩批收入10000元，亩成本4000元，亩利润6000元；厚壳田螺亩产500千克（年产两批次，每批250千克），销售价格8元/千克，亩收入4000元，亩成本1500元，利润2500元。每亩的综合销售收入24800元，投入成本7700元，利润17100元。

四、关键技术

1．稻田设施建设。

（1）稻田选择。用于养泥鳅的稻田应有充足水源，水源水质符合无公害养殖的要求，排灌方便，保水力强，土质肥沃，以黏土和壤土为好，有腐殖质丰富的淤泥层，不滞水，不渗水，干后不板结。

（2）开挖鱼沟。沿稻田四周开挖环形鱼沟，每隔 40 米左右开挖一条直沟。养殖沟呈“田”字形，上宽 6 米，下宽 5 米，深 0.6 米，面积占稻田总面积的 8％～ 10％。挖沟的泥土用于加固田埂。如田块较小，可采用“十”或“井”字形挖沟。田和沟之间要布设一定数量的进出通道，

以便泥鳅从不同方位进入稻田活动和觅食，在需要搁田时泥鳅能回游到沟内。

（3）建设防逃设施。泥鳅的逃逸能力较强，进排水口、田埂的漏洞、垮塌，大雨时水漫过田埂等都易造成泥鳅的逃逸。因此，养殖泥鳅的稻田需加高加固夯实田埂，并在沟底、沟内侧、田埂覆盖进口黑白利得膜。进排水口建二道拦鱼网。

（4）布设驱鸟装置。为防止鸟类等天敌的危害，养殖场四周应布设驱鸟器。

（5）布设监控设备和太阳能引虫诱捕设施。

（6）建立化验检验室，对水质、土质、产品等进行检测。

（7）建立农事记录机制，按有机种养标准实施。

（8）完善进排水系统。进水池铺设陶粒层及鱼类净化池，以达到净化水的目的。出水池通过污水处理，达到合标排放及重新利用的目的。

2. **泥鳅的放养与管理**。

（1）泥鳅品种选用生长较快的本地土泥鳅，放养时间为5月初，放养规格为3厘米，放养数量为10千克/亩。

（2）喂养。泥鳅于夜间出来捕食浮游生物、水生昆虫、甲壳动物、水生高等植物碎屑和藻类等，有时亦摄取水底腐殖质或泥渣。稻田养殖泥鳅要想取得高产，除了培肥水质，还应进行投饵喂养。主要投喂植物性饵料，如麦麸、米糠等；也可用膨化饲料，投饵量为鱼体重的1%～3%。

一般在傍晚投喂，一次投足，天晴时也可分 2 ～ 3 次投喂。阴天和气压低的雨天应减少或不投饵料。5 月及 11 月在养殖沟投喂，6 ～ 10 月共生期在水田中投喂。

（3）水位管理。水稻种植后的返青期，沟水应低于田面，泥鳅在养殖沟中活动。水稻开始分蘖（直播水稻 3 叶期）到水稻蜡熟期（10 月上旬），沟水和田水相平，泥鳅与水稻共生。10 月上旬水稻黄熟后至第二年再次种

植前，沟水低于田面，泥鳅重回沟内。必要时如稻田翻耕栽种时，将泥鳅进出稻田的通道关闭，田水和沟水分开单独管理。

（4）稻鳅共生。

① 稻鳅共生期为 6 月 10 日至 10 月上旬。

② 田水深度。6 月，稻田水深度保持在 5 厘米左右，保证泥鳅通过缺口进入水田；7 ～ 8 月高温季节通过加深水位降低水体温度，田水深度应保持在 10 ～ 15 厘米；9 ～ 10 月田水深度保持在 10 厘米。10 月上旬开始逐渐降低田水，到 10 月 10 日前排干田水，泥鳅回游到养殖沟。

③ 除草。泥鳅在稻田浅水中游动、觅食草，可起到松土、除草的作用。水稻田不进行耘田、化学除草。

④ 施肥。通过施用有机肥，培肥水质，为泥鳅提供养料。稻鳅共生期可减少饲料的投喂。注意水稻田不能施用化肥。

⑤ 防病治虫。水稻采用物理、生物方法防治虫害。通过抗病品种、少本稀植、增施有机肥等方法提高抗病性。不能使用化学药剂。

（5）巡田。

① 经常检查防鸟网及围网是否损坏，防止鱼鹰、白鹭、夜鹭、蛇、鼠等进入田中吃掉泥鳅。

② 对进排水口及堤坝进行严格检查，及时封堵池埂小洞或裂缝，修复或更换破损的进排水口设备。暴雨前及时

加固池埂，疏通进排水口及渠道，避免发生溢水。

3. **水稻的种植与管理**。

（1）选种。水稻选用高产、优质、抗倒的粳稻品种，采用机插栽培，播种期为5月15～20日，移栽期为6月5～10日，用种量为1千克/亩，种植株行距为30厘米×20厘米。

（2）肥水管理。底施菜籽饼、羊粪等有机肥，折干重150千克，分两次追施有机肥30千克。种后保持浅水层，7天左右自然露干一次（其间田水高于沟水）。6月中旬至10月上旬田水和沟水相平，水田基本保持水层，中间适当露田。10月中旬开始排干田水，使田土逐渐硬实，便于机械收割。

（3）病虫防治。水稻生长期间不喷洒农药，采用绿色防控技术。8～9月放养赤眼蜂，防治螟虫类虫害。每次每亩放养25000只，最好在连续4～5天吹东南风时放在上风口。利用黄板防治稻虱类，7月开始每亩插黄板40～50块。挂性诱剂瓶，防治螟虫类害虫，每亩挂5～6只。按每10亩1盏的标准安装太阳能灭虫灯，但在放养赤眼蜂时应关闭。

十六

钟山县有机农夫农产品销售有限公司

『巨型稻+蛙』模式

一、种养模式

钟山县有机农夫农产品销售有限公司位于贺州市钟山县公安镇双元村。

该公司以巨型稻（植株高 2.3 米以上，株距 1 米左右）为载体，让稻田成为蛙的生态栖息场所。“巨型稻 + 蛙”模式是一种粮经结合的新型高效农作模式。该公司在 2019 年巨型稻稻渔立体种养 530 亩的基础上，计划于 2020 年扩大立体种养面积 1600 亩。“巨型稻 + 蛙”模式中，不仅蛙的代谢物可以肥田，滋养水稻，蛙还能取食稻田中的害虫，减少水稻生产成本，同时水稻又为蛙提供了适宜的生长环境，促进蛙的生长，实现稳粮增收。

二、品种和品牌

1. **水稻品种：巨型稻。**

2. **水产品品种：黑斑蛙。**

3. **品牌介绍。**

钟山县有机农夫农产品销售有限公司有机农业基地位于钟山县公安镇双元村，地处国家农业可持续发展试验示范区、国家出口食品农产品质量安全示范区、创建国家有机认证示范县核心区，在钟山县百里水墨画廊景区内。

该公司于 2014 年注册“有机农夫”商标。目前，公司的农业基地有 2000 亩非转基因巨型稻、800 亩芋头和

1518 亩贡柑。5000 多亩采集山地所种植的稻谷、芋头、贡柑及 32 种中草药全部通过国家有机认证。基地所生产的有机农业产品和无抗生素养殖的淡水鱼、蛙、鳅、虾等水产品搭上了供京直通车，将摆上 2022 年北京—张家口冬奥会的餐桌，形成了专供、直供的“订单农业”新模式。

三、产量效益

据估算，“巨型稻＋蛙”立体生态种养模式中，蛙的亩产量为1500千克，平均价格为20元/千克，亩产值30000元，亩成本17000元，亩效益13000元；巨型稻亩产量为800千克，平均价格为3元/千克，亩产值2400元，亩成本1200元，亩效益1200元。合计亩产值32400元，亩成本18200元，每亩实际效益为14200元。

四、关键技术

1. **稻田设施建设**。

（1）稻田选择。用于养蛙的稻田应有充足水源，水源水质符合有机养殖的要求，排灌方便，保水力强，土质肥沃，以黏土和壤土为好，有腐殖质丰富的淤泥层，不滞水，不渗水，干后不板结。

（2）开挖环沟。沿稻田四周开挖环形沟，每隔20米左右开挖一条直沟。养殖沟呈“O”字形，宽1.5米、深0.8米，面积占稻田总面积的5%。挖沟的泥土用于铺设饲喂台。田和沟之间要布设一定数量的进出通道，以便饲喂管理。

（3）建设防逃设施。蛙的逃逸能力较强，进排水口、田埂的漏洞、垮塌，大雨时水漫过田埂等都易造成蛙逃跑。因此，养殖蛙的稻田须加建防逃围栏，并将沟底、沟内侧夯实。进排水口建拦网。

（4）布设防鸟网。为防止鸟类等天敌危害，养殖场四周及顶部布设防鸟网。防鸟网高度以不影响工作人员操作机械为度。

（5）完善进排水系统。进水池铺设陶粒层及净化池，以达到净化水的目的。出水池须通过污水处理及生物降解池降解，使养殖尾水达标排放及重复利用。

2. 蛙的放养与管理。

（1）巨型稻田养蛙适选性很广，但宜选择经济价值高、对环境友好、捕食能力强的蛙品种。目前，该公司选择的是黑斑蛙。黑斑蛙属蛙科，系侧褶蛙属的两栖动物。其主要形态特征为：雄性略小，头长略大于头宽，吻钝圆而略尖，吻棱不显，前肢短，后肢长而肥硕，胫关节前达眼部，趾间几乎为全蹼；成体背部颜色为深绿色、黄绿色或棕灰色，具有不规则的黑斑，腹部颜色为白色，无斑。蛙苗（蝌蚪）放养时间为3月底或4月初，放养规格为2～3厘米，放养数量为每亩30000尾。

（2）喂养。蛙捕食昆虫、甲壳动物，稻田养殖黑斑蛙要想取得高产，还应进行投饵喂养。可用膨化蛙饲料饲喂，投饵量为蛙体重的3%～5%。投喂一般在早晚进行，分两次投喂。阴天和气压低的雨天应减少或不投喂饵料。

运用抗菌肽小分子配方技术全面替代抗生素（在饲料中均匀搅拌后投喂）。不使用任何化学制剂、抗生素。

（3）水位管理。水稻种植后的返青期，沟水应低于

田面，蝌蚪在养殖沟中活动。水稻开始分蘖（直播水稻3叶期）到水稻蜡熟期，漫田水10厘米左右，蛙与水稻共生。水稻黄熟后，高2米以上的收割至再生稻抽穗。冬天泄水并将稻秆铺垫在环沟里，让种蛙在环沟中越冬。

（4）稻蛙共生。

① 稻蛙共生期为4月上旬至11月中旬。

② 田水深度。4月，稻田水深度保持在15厘米左右，保证蝌蚪正常生长；5月，通过降低水位确保蝌蚪断尾后有充足的活动空间；7月，田水深度应保持在10～15厘米；9～10月，田水保持在10厘米左右；10月上旬开始逐渐降低田水；到11月10日前排干田水，环沟铺垫稻草。

③ 除草。黑斑蛙在稻田中游动、觅食，稻田严禁进行耘田和化学除草。

④ 施肥。施用有机肥。稻蛙共生期可减少饲料的投喂。

⑤ 防病治虫。水稻采用物理、生物方法防治虫害。不能使用任何化学制剂、抗生素。

（5）巡田。

① 经常检查防鸟网及围网是否有损坏，防止鱼鹰、白鹭、夜鹭、蛇、鼠等进入田内吃掉蝌蚪和成蛙。

② 对进排水口及堤坝进行严格检查，及时封堵池埂小洞或裂缝，修复或更换破损的进排水口设备。暴雨前及时加固池埂，疏通进、排水口及渠道，避免发生倒灌、漫堤现象。

3. **水稻种植及管理。**

（1）选种。水稻选用高产、优质、抗倒的巨型稻，采用人工插秧栽培。播种期为4月15～20日，移栽期为5月5～10日。用种量为500克/亩，种植株行、间距为70厘米×40厘米。

（2）肥水管理。底施有机肥，净重150千克，分两次追施。种后保持浅水层，7天左右自然露干一次（其间田水高于沟水）。水田基本保持水层，中间适当露田。水稻黄熟时开始排干田水，使田土逐渐硬实，便于收割。

（3）病虫防治。水稻生长期间不喷洒农药，采用有机生物防控技术。8～9月放养赤眼蜂，防治螟虫类虫害。每次每亩放养25000只，最好在连续4～5天吹东南风时放在上风口。利用黄板防治稻虱类，7月开始每亩插黄板40～50块。挂性诱剂瓶，防治螟虫类害虫，每亩挂5～6只。按每10亩1盏的标准安装太阳能灭虫灯，但在放养赤眼蜂期间应关闭。

十七

河池市宜州区祥韵生态种养合作社

『稻+小龙虾』模式

一、种养模式

河池市宜州区祥韵生态种养合作社致力于发展“稻+小龙虾”模式。在稻田里养殖小龙虾，小龙虾在稻田中活动，可以取食其中一些害虫，减少水稻病害的发生，同时小龙虾的粪便可作为水稻的肥料，二者“互惠互利”，共同生长。在确保水稻产量的前提下，小龙虾的收获大大提高了整体种养效益，一田两用，稳粮增收。

二、品种和品牌

1. **水稻品种：野香优9号。**
2. **水产品品种：小龙虾。**
3. **品牌介绍。**

该公司注册了“清月荷韵”牌熟食小龙虾以及荷花酒、荷叶茶等的商标，让基地产业链得以延伸。同时，公司还开通了电商平台，利用互联网把深加工产品卖到全国各地。

三、产量效益

据估算，“稻 + 小龙虾”模式的小龙虾亩产量为 100 千克，平均价格为 50 元 / 千克，亩产值 5000 元，亩成本 2500 元，亩效益 2500 元；水稻亩产量为 500 千克，加工后的稻米销售价格为 6 元 / 千克，亩产值 3000 元，亩成本 1100 元，亩效益 1900 元。合计亩产值 8000 元，亩成本 3600 元，每亩实际效益为 4400 元。

四、关键技术

1. **田间工程**。

（1）挖沟。

在稻田靠近水源的一侧或多侧开挖虾沟，开挖的位置、形状和大小应根据稻田的自然地形与面积大小来确定。一般在距田埂内侧 0.5 ～ 1 米处开挖，虾沟宽 3 ～ 4 米，深 1.2 ～ 1.5 米，坡比 1 ∶ 1。虾沟呈“一”字形、“L”形或“U”形。

（2）筑埂。

利用开挖虾沟挖出的泥土加固、加高、加宽田埂。田埂加固时，每加一层泥土都要进行夯实，以防渗水或坍塌。田埂应高于田面 1 ～ 1.2 米，稻田主干田埂顶部宽 2 ～ 3 米，坡比 1 ∶ 1.25 ～ 1 ∶ 1.5。

（3）防逃。

稻田田埂上和排水口应设防逃网。田埂上的防逃网在稻田承包区四周构建即可，田块之间不需要单独设立。防逃网材料可选用厚塑料、石棉瓦、彩钢瓦或20目的网片等，高度为50～60厘米，其中10～20厘米埋入土中，接头处不能留缝隙，四角要建成弧形。排水口的防逃网应为60目以上的长型网袋。

（4）进排水。

进排水口分别位于稻田两端，尽量成对角设置。进水渠道建在稻田一端的田埂上，进水口用80目的长型网袋过滤进水，防止敌害生物随水流进入田中。排水口建在稻田另一端虾沟的最低处。进排水渠道要求独立，按照高灌低排的格局，保证水灌得进，排得出，定期对进排水渠道进行整修。

2. **小龙虾的养殖与管理。**

（1）投放虾苗。

首次养殖，可在9～10月每亩投放规格为2～4厘米的幼虾15～25千克，或在3～4月每亩投放规格为3～5厘米的虾苗6000～8000尾。

（2）饵料投喂。

虾苗种阶段，主要摄食枝角类、桡足类动物及水生昆虫幼体，前期须注重培养天然饵料，同时辅以人工饲料的投喂。5月以后是小龙虾快速生长的阶段，应投喂饼粕、黄豆、玉米、南瓜等青绿饲料，配合动物性饵料和优质配合饲料。

日投饵量为存塘虾重量的2% ～ 5%，具体投饵量要根据天气、水温、水质、饲料种类及小龙虾活动吃食状况而定。一般每天投喂两次，上午8:00左右投喂量为日投饵量的30%，下午17:00左右投喂量为日投饵量的70%。

（3）水位调控。

10 ～ 11月，大田水位控制在30 ～ 40厘米。越冬期间（12月至翌年2月），随着气温的下降，逐渐加深水位至50 ～ 70厘米。3月，气温回升时用调节水深的办法来控制水温，使水温更适合小龙虾的生长。调控的方法是：晴天时，水可浅些，让水晒太阳以便水温尽快回升；阴雨天或寒冷天气，水应深些，以免水温下降。4月中旬以后，大田水位应逐渐提高至50 ～ 70厘米。

（4）病害防治。

对于虾病，应始终坚持“预防为主、治疗为辅”的原则，多采用物理、生物的方法防治，严格控制消毒类、水质改良类虾用药物的使用。4月中旬至5月底，适当投喂加有壳寡糖、酵母多糖或中草药（三黄粉等）的配合饲料，以提高小龙虾的免疫力和抗病能力。

3. **水稻种植与管理**。

（1）水稻品种选择。

选择经过国审或区审（或认定），种植区域适宜，米质达到优质稻谷国家标准3级以上，抗倒能力强，抗病性好，生育期短，早熟性好的品种来种植，例如野香优系列。

（2）烤田。

稻虾共生的稻田宜轻烤，防止虾苗在烤田时脱水死亡。水位降低到田面露出即可，而且时间要短，发现小龙虾有异常反应时，要立即注水。

（3）水位控制。

水稻插秧水位为 2 ～ 3 厘米；插秧后立即注水保返青，水位控制在 4 ～ 6 厘米；秧苗返青后让稻田水位自然落干至 3 厘米促分蘖；当总茎蘖数达到预期穗数的 80% 时自然断水搁田，保持沟中水位低于田面 15 厘米以上，达到田中不陷脚，叶色褪淡。搁田结束后至孕穗期灌水 5 厘米，抽穗扬花期保持水层 10 ～ 15 厘米，灌浆中后期干干湿湿，水稻收割前 7 天将田中积水彻底排尽。

（4）用药。

稻田病虫草害应以预防为主，综合防治，减少农药和虾用药物的施用量。水稻病害防治首选高效、低毒、低残留的生物农药，禁用小龙虾高度敏感的有机磷、菊酯类农药。

（5）施肥。

施肥以基肥为主，以追肥为辅，追肥少量多次，严禁使用对小龙虾有害的化肥，如氨水和碳酸氢铵等。小龙虾脱壳期不使用化肥和农药。水稻分蘖期少施肥或不施肥，每亩 1 ～ 5 千克尿素，穗肥尿素 10 ～ 15 千克，分 2 次

施入田中。施肥时降低水位，田面无水层时施入，施入后第 2 天灌水。

4. **水稻收割**。

水稻收割前 7 天将田中的积水彻底排尽，注意在排水时将稻田的水位快速下降到田面 5 ～ 10 厘米处，然后缓慢排水，使小龙虾在田埂、虾沟中打洞。最后虾沟保持 80 ～ 100 厘米的水位，即可收割水稻。

十八

上林县珠玥农业有限责任公司

『山川流水稻虾生态』模式

一、种养模式

上林县珠玥农业有限责任公司，以“公司＋合作社＋基地＋农户（贫困户）”的模式开展生产经营，注册资本500万元。现有职员26人，其中高级职称2人，中级职称3人，技术人员6人，种养专业技术人员4人等。公司以水稻生态种植、

稻虾共作生态养殖、大龙湖山川流水稻虾生态养殖为主打产业，规划建设面积 4000 亩综合“稻虾共作”基地。公司开展的业务主要有精养小龙虾，培养种虾、虾苗，养殖成品虾，销售、培育生态稻虾米，以及技术指导培训等。

公司稻虾共作规划总面积 4000 亩，计划总投资 3360 万元，项目分三期进行。

第一期工程建设 1000 亩（三里镇 800 亩，白圩镇 200 亩），已投资 840 万元，于 2019 年 1 月完工投产。以“公司 + 合作社 + 基地”模式运作，已收小龙虾两批，目前正在种植水稻。示范带动作用较强，广西电视台、上林电视台等媒体多次进行专题报道，并在多家媒体转载。

第二期工程在三里镇再建设 1000 亩，目前正在一边流转土地，一边进行建设。计划争创自治区级现代特色农业示范区（水产类），带动周边贫困群众致富。

第三期工程在三里镇建设 2000 亩，以“公司 + 基地 + 合作社 + 农户”的模式使特色产业扶贫深入开展，并以国家地理标志农产品上林大米为基础，打造“珠玥生态稻虾米”品牌。

以上三期工程在 2020 年完成投产。

公司以龙湖山川流水稻虾生态养殖为主打产业，以旅游观光业和产品加工业为辅，充分发挥大龙湖良好的生态环境和自然气候的优势，优化稻渔传统产业，把小龙虾产品打造成了一个与大龙湖风景齐名的知名特产，从而提升了传统农产品的附加值。同时，公司以稻虾绿色种养带动当地农户脱贫致富。

二、品种和品牌

1．水稻品种。

以国家地理标志农产品上林大米为主打产品，进行水稻品牌和品质的把控。

2．水产品品种。

以克氏原螯虾（俗称“淡水小龙虾”）为主要水产品品种。

3．品牌介绍。

上林县珠玥农业有限责任公司以示范推广稻田养虾为载体，促进农业产业结构调整，带动上林县农业走产业化、特色化发展道路，通过山川流水稻虾生态种养殖模式带动周边附属经济发展，带动农村劳动力实现家门口就业，带

动贫困户和当地农民调整和优化农业产业结构，提高当地人收入， 带领村民脱贫致富，提升综合竞争力。该公司致力于发展田园综合体现代农业，开发集休闲、观光、旅游于一体的综合性稻虾孵化养殖基地。

三、产量效益

该公司实行“稻虾共作”模式，一水两用，一田双收。水稻亩产量为 500 千克，亩产值 3000 元。分两季投放 50

千克虾苗，再种植一季水稻，一年可产出200千克龙虾，按照龙虾均价每千克80元计算，仅小龙虾就能卖到1.6万元，加上生产出的零污染无公害优质虾稻米，每亩田比原来的传统种植模式增收上万元。

四、关键技术

1. **田块选择**。

宜选择水源充足、排灌方便、水质良好无污染、保水性能力强的田块进行小龙虾养殖，面积少则几亩，多则几十亩、上百亩。

2. **田间工程建设**。

养虾稻田田间工程建设包括田埂加固，进排水口的防逃设施建设，环沟、田间沟、遮阴篷的建设等。沿稻田田埂内侧四周开挖养虾沟，沟宽1～2米，深0.8～1米，坡比1∶2.5。面积较大的田块，还要在田中间开挖“田”“井”字形田间沟和增设几条小埂。田间沟宽0.5～1米，深0.5～0.6米，小埂为管理水稻之用。养虾沟和田间沟面积占稻田面积的5%～10%。利用开挖养虾沟挖出的泥土加固加高田埂，平整田面。田埂加固时每加一层土都要进行夯实，防止雨水冲刷使田埂倒塌。田埂顶部应宽3米以上，并加高0.5～1米。进排水口要用铁丝网或栅栏围住，防止小龙虾随着水流外逃。进水渠道建在田埂上，排水口建在虾沟的最低处，按照高灌低排的格局，保证灌得进，排得出。还可在离田埂 1 米处，每隔 3 米打一个 1.5 米高的桩，用毛竹架设，在田埂边种瓜、豆、葫芦等，其藤蔓上架后可在炎夏起到遮阴避暑的作用。

3. **放养前的准备工作**。

（1）清沟消毒。放虾前 10 ～ 15 天，每亩稻田养虾沟用生石灰 50 千克，或选用其他药物，对饲养沟进行彻底的清沟消毒，杀灭野杂鱼类、敌害生物和致病菌。

（2）施足基肥。放虾前7～10天，田沟中注50～80厘米深的水，每亩稻田虾沟用生石灰50～75千克泼洒消毒。然后施肥培水，一般每亩施复合肥50千克、碳铵59千克或农家有机肥200～500千克。

（3）移栽水生植物。虾沟内栽植轮叶黑藻、马来眼子菜等沉水性水生植物，或在沟边种植蕹菜、水葫芦等。水草面积占虾沟面积的20%～25%，以零星分布为好。

（4）过滤及防逃。进排水口要安装竹箔、铁丝网及网片等防逃、过滤设施，严防敌害生物进入虾沟内。

4. **虾苗、虾种放养。**

小龙虾虾苗虾种在放养时要试水，试水安全后才可投放幼虾。放养方式有两种。一是头一年的7月将亲本虾直接放养在稻田内，让其自行繁殖，根据稻田的实际情况，一般每亩放养规格为40克以上的亲本虾20千克，雌雄性比例为3∶1。第二年采用免耕法种植水稻，让小龙虾繁殖孵化出来的幼体能直接摄食稻田水中的浮游生物，提高幼体孵化率和幼虾成活率。二是在5月水稻栽秧后投入小龙虾幼虾，一般每亩放养规格为2～4厘米的幼虾5000～8000尾。放养时，用3%的食盐水浸浴虾体3分钟左右，在把握好虾苗、虾种质量的同时，同一田块须放养同一规格的虾苗、虾种，并一次放足。

5. **田间管理。**

在稻田中饲养小龙虾，要施足底肥，不要求投喂人工

饲料。可在虾沟内投一些水草。在小龙虾生长旺季可适当地投喂一些动物性饲料，如捶碎的螺、蚌及屠宰厂的下脚料等。每天早晚坚持巡田，观察沟内水色变化和虾活动、吃食、生长的情况。田间管理工作主要有水稻保水、晒田、施肥、用药及小龙虾的防逃、防害等。

（1）晒田。

稻谷晒田宜轻烤，水位降低到田面露出即可，而且时间要短。发现小龙虾有异常反应时，要立即注水。

（2）稻田施肥。

稻田基肥在插秧前一次性施入耕作层内，达到肥力持久长效的目的。追肥应少量多次，最好是半边先施半边后施。一般每月追肥 1 次，每亩施尿素 5 千克、复合肥 10 千克或发酵的畜禽粪 30 ～ 50 千克，切忌追施氨水和碳酸氢铵。最好先排浅田水，让虾集中到环沟、田间沟之中再施追肥，使化肥迅速沉积于底层田泥中，并被田泥和水稻吸收，随即加深田水至正常深度。

（3）水稻喷药。

稻田养虾的原则是能不用药时坚决不用，需要用药时则选用高效低毒农药，避免使用含菊酯类型的杀虫剂。喷药时要注意严格把握安全使用浓度，将药喷洒在水稻茎叶上，尽量不喷入水中，而且最好分区用药。防治水稻螟虫，每亩用 200 毫升的 18% 杀虫双水剂加水 75 千克喷雾；防治稻飞虱，每亩用 50 克的 25% 扑虱灵可湿性粉剂加水

25 千克喷雾；防治稻条斑病、稻瘟病，每亩用 50% 消菌灵 40 克加水喷雾。喷药前，田间加水至 20 厘米，喷药后及时换水。

（4）防逃、防病害。

坚持每天巡田，检查进排水口筛网是否牢固，防逃设施是否损坏。汛期防止漫田，防虾外逃。进排水时要用 40 ～ 80 目筛绢网过滤，防敌害生物入田。平时要清除蛙、水蛇、泥鳅、黄鳝、水老鼠等敌害，以免危及小龙虾。

6. **饲养管理**。

一般 7 ～ 9 月投喂菜粕、麦麸、水陆草、瓜皮、蔬菜等植物性饲料，10 ～ 12 月多投一些动物性饲料。日投喂量为虾体重的 6%～ 8%，早晚各投喂 1 次，白天投喂日饵量的 30%，晚上投喂日饵量的 70%。冬季每 3 ～ 5 天投喂 1 次，于日落前后进行，投喂量为虾体重的 1%～ 2%。从翌年 4 月开始，逐步增加投喂量，确保小龙虾吃饱、吃好。6 月底每周换水 1/5 ～ 1/4；7 ～ 8 月每周换水 3 ～ 4 次，换水量为田水的 1/3 左右；9 月后，每 5 ～ 10 天换水 1 次，每次换水 1/4 ～ 1/3，保持虾沟水体透明度为 25 ～ 30 厘米。田间沟内，每 15 ～ 20 天用生石灰水泼洒 1 次，每次每亩用量为 5 ～ 10 千克，以调节水质。有条件的话，可定期在饲料中添加适量维生素 C、维生素 E 和钙，以增强虾的抗病力和免疫力。

7. **捕捞**。

稻田养殖小龙虾，一般经2个月左右饲养，就有一部分虾能达到商品规格。可经常捕捞，捕大留小。捕捞工具有地笼网、虾笼、迷魂阵等。可在夜间将工具置于田沟内，次日清晨取虾。

十九

柳州市谷之韵农业发展有限公司

『水稻＋田螺』模式

一、种养模式

柳州市谷之韵农业发展有限公司位于柳州市柳江区里高镇板六村。

该公司主要从事“水稻 + 田螺”模式的综合生态种植养殖。这是一种新型高效的农作模式，可在种植水稻的同时养殖田螺。在稻田里养殖田螺，可以提高稻田空间利用率，增加养殖收益，解决稻田荒废的问题；种植的水稻可降低夏季水温，为田螺生长提供适宜的环境。同时，在稻田中养殖田螺后，不喷农药、不施化肥，大大提高了稻米的品质。

二、品种和品牌

1. **水稻品种：渔稻12号**。

2. **水产品品种：田螺**。

3. **品牌介绍**。

该公司重视品牌建设，利用田螺养殖稻田不喷农药、不施用化肥的特点，加强质量管理，完善生产操作规范，力争在3～5年内获得有机稻米、有机田螺、有机稻田鱼等2～3个有机产品认证，通过提高产品质量，大力提升企业形象。目前，该公司已申请注册"壹螺一米"和"里高泉水螺"两个商标。

三、产量效益

按公司的模式进行稻螺综合种养，每年可收获田螺1000千克，其平均售价为10元/千克；无公害稻米150千克，售价8元/千克，年亩总产值11200元。成本：地租每亩500元，田螺种500元（一次投放150千克，共1500元，按3年算），田螺饲料每亩1800元，管理及人工费每亩1000元（按1个固定工人年工资30000元，可管理30亩计），临时人工每亩300元（按3个人工/亩，1个人工100元计），有机肥每亩100元，其他成本每亩500元，共4700元。年亩利润为6500元。

四、关键技术

1. **稻田的选择和准备。**

选择水质清新无污染、水源充足、旱季不干、大雨不淹、进排水方便的稻田作为养殖田。平时保持平均水位10～30厘米，夏季加深水位。田底泥以松软为好，稻田不喷农药，尽量少施化肥，多施有机肥。

2. **放种前的准备。**

（1）稻田灌水后耙田，确保底泥细且柔软。

（2）稻田用生石灰、茶籽粕或池塘消毒剂消毒。干田（带水10～15厘米）每亩用生石灰50～75千克或茶籽粕15千克泡水全池泼洒，消毒后7～10天可投放螺种。

（3）稻田施基肥培肥水质。以发酵后的猪粪、羊粪、鸡粪肥或其他有机肥为基肥，用量为每亩 50 ～ 100 千克，掌握底泥肥则用少、瘦则用多的原则。

（4）稻田周围设置围网，网眼孔径小于 1 厘米，防止老鼠、蛇等野生动物进入稻田捕食田螺。

3. **螺种投放**。

（1）投放时间。

广西地区气温较高，应在 3 ～ 4 月插秧苗前完成螺种投放，分批或一次性放足。

（2）螺种选择。

可以自己从稻田、水渠、鱼池等处采集螺种，也可以从市场采购，但须掌握投放时间越晚，种螺采集地点越往北的原则。

（3）放养规格和密度。

投放中大规格，即每千克 50 ～ 60 个左右的种螺，每亩投放 100 ～ 150 千克左右。放种时应均匀投放至田块的各个地方，不可集中投放。

4. **水稻种植**。

按正常季节种植水稻，种植面积为稻田面积的 50% 以上，否则降温效果不好。可按行种，也可分块种，行与行之间留出 80 厘米以上的间隔便于田螺的喂食和捕捞。最好种第一造，采用人工收获，收获后任其自行发芽再生长。

5. **日常管理**。

（1）饵料制作。

田螺食性杂，常以泥土中的微生物、腐殖质及水中的浮游植物、幼嫩水生植物、青苔等为食。人工高密度养殖的情况下，须投喂人工饲料。烂菜叶、米糠、麦麸、菜籽粕和玉米芯等含较多纤维素和少量蛋白的植物原料都是田

螺理想的饵料。投喂前最好粉碎至30～40目以上的细度，并经过微生物发酵。

（2）饵料投喂。

每周投喂2～3次，每次投喂量按田螺体重的2%～3%计算，投喂时间选择傍晚或清晨为宜，投喂点应分散在田块的各个地方。投喂后，每日注意观察饵料剩余情况，饵料若被完全食用，则可进行下一次的投喂。

（3）病害预防。

要重视养殖实践观察。除了缺钙软厣、螺壳生长不良和蚂蟥危害，田螺一般无其他疾病。经常在田中泼洒生石灰能消除田螺缺钙症。发现蚂蟥，可用浸过猪血的草耙诱捕。田螺的敌害主要有鸭、水鸟、蛇和老鼠等，有条件的可围网预防。另外，养螺稻田不宜放养青鱼、鲤鱼、罗非鱼和鲫鱼等鱼类，因为它们吃田螺，若发现可用鱼笼诱捕。

（4）捕捞。

螺种投放3个月后即可进行捕捞，一年可捕捞多次，可采用诱捕的方式进行，也可放干田水捕捞。商品螺规格一般为每千克20个左右，捕捞时按捕大留小的原则进行，须酌情留下部分大规格田螺作为来年的种螺。

（5）田螺养殖过程中，稻田严禁喷农药，尽量少施化肥，多施有机肥。

二十

灌阳县稻渔丰生态农业发展有限责任公司『优质水稻+禾花鲤』模式

一、种养模式

灌阳县稻渔丰生态农业发展有限责任公司成立于2018年，位于灌阳县黄关镇李官村，核心示范点面积360亩，是一家专业从事稻渔综合种养的农业公司。该公司以生态绿色发展为引领，以稻田综合种养立体生态循环为手段，以生产优质健康的稻米和鱼、提高稻田综合效益为目标，示范推广先进技术，稳定粮食生产和提高农田效益，践行稻渔综合种养现代生态循环农业新模式。2018年，公司基地与广西水产科学研究院和桂林市水产技术中心推广站合作，实施广西科技重大专项课题——“禾花鲤稻田生态养殖技术创新与示范”，并获得“灌阳县稻渔种养生态示范样板垌”称号。

该公司主要在田间种植优质水稻和养殖禾花鲤，创新“稻渔经作”立体高效种养模式，即以稻田92%的面积

种植无公害水稻，开挖8%面积的宽沟养鱼，在田基上栽培经济作物，围绕“一田多用、一水多收、一业多益”的目标，打造桂林特色的“稻渔经作”模式，即“田里种稻、坑中养鱼、基面经作、篷上瓜果”。

二、品种和品牌

1. **水稻品种：超优1000。**
2. **水产品品种：禾花鲤。**

3. **品牌介绍**。

公司把产品品牌和品质放在首位，专业生产优质水稻和禾花鲤等农产品，计划于2020年完成无公害认证和商标注册，进一步提高社会知名度和发展潜力。

三、产量效益

通过建设稻渔共生的农田基础设施，公司提升了产业发展链条。公司基地核心区示范面积360亩，根据灌阳县农业农村局和广西水产科学研究院组织的测产结果，平均亩产稻谷606.2千克、禾花鲤88.8千克、经济作物200千克。按照市场批发价稻米6元/千克、禾花鲤50元/千克、经济作物2元/千克计算，每亩稻谷产值3637.2元、鱼类产值4440元、经济作物400元，亩产值达8477.2元；水稻亩成本约1300元，禾花鲤养殖成本和工程建设折旧费约1800元，经济作物成本每亩约100元，亩成本约3200元；亩利润5277.2元。

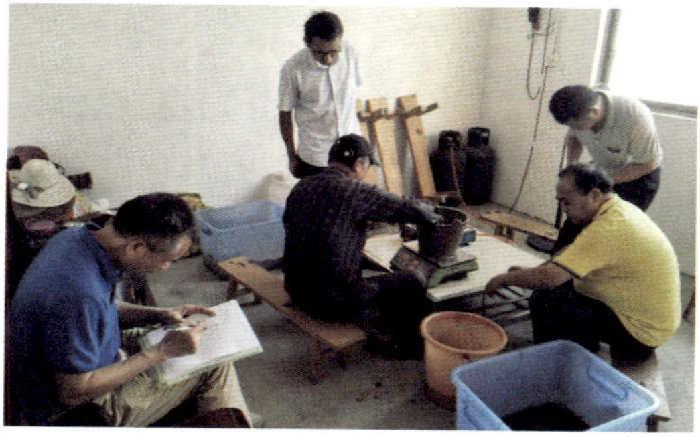

四、关键技术

1. 稻田改造。

（1）田埂改造。土田埂改造：利用土田埂周围的余土和田内土方，将稻田四周田埂加高、加宽，田埂顶部应高出田面 40 ～ 50 厘米，顶部宽 30 ～ 40 厘米。水泥护墙田埂改造：放干田水，待田埂和田内土壤干硬之后，用装木板加工成两半，夹在田基两边，加高、加宽、加固田埂，田埂顶部高出田面 30 ～ 50 厘米，顶部宽 30 ～ 40 厘米；在田埂内侧挖深 20 ～ 30 厘米、宽 20 厘米的基脚，浇注厚 10 厘米、高 40 ～ 60 厘米的水泥混凝土护墙。

（2）鱼坑（宽沟）建设。可选择在田的进水口处开挖，面积占水田总面积的 8% 左右，深 50 ～ 80 厘米，长方形，具体视田块形状、大小等自然条件而定。护坡用建设田基时的装木板挡泥水，也可用小树木条、竹片打桩编织成篱笆网，或用砖石砌筑，用水泥或混合砂浆抹面。沟与田之间用装木板隔开，每隔几米留 1 个宽 40 ～ 60 厘米、与田内鱼沟相通的鱼类进出口或进排水通道，每个通道口设置

活动拦鱼栅板，鱼坑靠田埂边留出宽 100 ～ 200 厘米的生态带，用于堆放鱼坑挖出的泥土以种植蔬菜瓜果。

（3）设置进排水口。一块田一般设置一个进排水口，田块面积大且狭窄的要设多个。排水口宽度要大于进水口宽度，位置与田面平行或略低一点。进排水口要进行硬化处理，即靠近水口的田埂两壁和底部要铺一层石板、水泥板或砖等平整材料，以防流水长期冲刷造成田埂崩塌。排水口用塑料管控制水位，每个进排水口要设置拦鱼栅。

（4）搭设遮阴篷。在鱼坑的上方设置遮阴篷，种植藤蔓类的丝瓜、葡萄等瓜果，既可为鱼鳖类遮阳，又可增添休闲旅游景观，增加经济收入。

2. **水稻种植**。

（1）选择品种。选用生长期较长、中高秆型、抗倒

伏性好、抗病力强、耐水耐肥的杂优水稻品种——超优1000。

（2）插秧。插秧时适当调整密度，按照宽窄行方式移栽，发挥边际效应，尽可能与未开挖鱼沟、鱼坑前整块稻田禾苗株数持平，保持 1.2 万蔸左右。

3. **鱼苗放养**。

（1）放养品种：禾花鲤。

（2）放养时间：禾苗返青后。

（3）放养密度和规格：每亩放养规格为 9 厘米左右的鱼苗 1000 尾。

（4）鱼苗消毒：放养鱼苗时应用 5% 的食盐水浸泡 5 ～ 10 分钟。

4. **生产管理**。

（1）水稻施肥。

稻田以施有机肥为主，辅施无机肥；以施基肥为主，少施追肥。即在耕田前每亩施经过益生菌发酵的有机肥400～500千克，插秧时每亩施配方肥或用单质氮、磷、钾肥复配。

（2）鱼类投喂。

适当投喂一些经过益生菌发酵的米糠、麦麸、花生麸，或煮熟的红薯、南瓜、玉米等。有条件的投喂专用配合饲料，每天1次。

（3）水位管理。

在不影响水稻分蘖的情况下，田水保持在20～30厘米。

（4）病虫害防治。

鱼类病虫害以预防为主；水稻病虫害主要采用生物防治，利用和保护好害虫天敌。稻田使用性诱剂诱杀成虫，每1个鱼坑安装1盏诱虫灯。若采用农药防治，则应使用低毒高效的农药。

（5）捕捞收获。

根据市场需求，遵循捕大留小、捕大补小的技术规律。在早稻收割时，将尾重约 50 克的商品禾花鲤起捕上市。未达到商品规格的，先集中于鱼坑、鱼沟中暂养，待晚稻禾苗返青后，将鱼放出大田继续饲养到晚稻收割前后再起捕。捕鱼时，先将鱼沟疏通，打开排水口，缓慢排水，使鱼自然集中于鱼坑或鱼沟中，用捞网捕获。